"十四五"普通高等教育部委级规划教材

U0734355

服装面料再造设计
从灵感到运用

吴训信　唐韵　柴柯　编著

FUZHUANG MIANLIAO
ZAIZAO SHEJI

Cong Linggan Dao Yunyong

中国纺织出版社有限公司

序 PREFACE

　　俗语说，巧妇难为无米之炊。面料之于服装设计，犹如米之于炊，不可或缺、至关重要。面料决定了服装款式和色彩的基底，更是能展示服装风格的"利器"。对设计师而言，面料能成为激发灵感的钥匙，能成为影响服装设计成败的关键，更可以成为创意的主体。服装面料再造，就是这样一个让面料成为服装设计的主角、可以驰骋无限创意的设计领域。在此领域中，传统与现代、古典与浪漫、自然与科技、粗犷与精细、民俗与宫廷等各种风格、载体、工艺、方法，百种想象、千般变化都可于此构建，去探索设计的更多可能性。由此可知，面料再造已成为现代服装创新设计的主要手段之一，越来越多的设计师通过对面料的再造使自己的作品实现与众不同的视觉冲击力，让作品呈现出独特的艺术语言和表现风格。

　　本书以技法和案例相辅，以面料再造的过程为线索，介绍了面料再造过程中的素材范围、灵感获取和转化以及各类手法和技巧的运用，再以几位广东十佳服装设计师面料再造作品作为案例赏析，让读者学习其创作经验，赏析其作品之妙。最后结合课程教学过程中学生的学习实践实例，详解面料再造的具体操作步骤，深入浅出、系统性地呈现面料再造的创作过程，让读者领略面料再造的魅力，为相关学习者的设计实践提供实用的指导。

　　本书是广东省教育科学规划课题（高等教育专项）"数字化背景下岭南文化融入服装专业课程体系建设路径研究"（项

目编号：2023GXJK789）、广东女子职业技术学院"校企孪生"服装专业产教融合实训基地与"服装产业数字化创意设计应用技术创新中心"（项目编号：XTCXZX202304）的成果。

本书在编写的过程中，得到广东工程职业技术学院唐韵与惠州学院柴柯两位老师的鼎力支持，她们的专业知识和深入研究为本书奠定了坚实的基础。其中第一章由吴训信与柴柯编著；第二章和第三章由唐韵编著；第四章、第五章和第六章由吴训信编著。同时，也得到了许多设计师、同事、朋友和学生们的支持，特别感谢唐志茹（"小茹裙褂"品牌）、杨盈盈（"TUYUE 涂月"品牌）、钟才（"不南兽"品牌）、罗美娴、陈馨宇、郑洁宜等人慷慨提供了优秀的设计作品，为本书增色不少。中国纺织出版社有限公司编辑老师的敦促与鼓励也是本书写作过程中不可缺少的助力。在此，对成书过程中给予帮助的相关机构和人员表示深深的感谢。笔者在编著本书时力求严谨细致，但由于个人知识见解有一定的局限性，书中难免出现疏漏之处，恳请各位读者批评指正。

吴训信

于广东女子职业技术学院

2024年7月1日

目录 CONTENTS

第四章　面料再造的技法

第五章　设计师手笔

第六章　设计实践

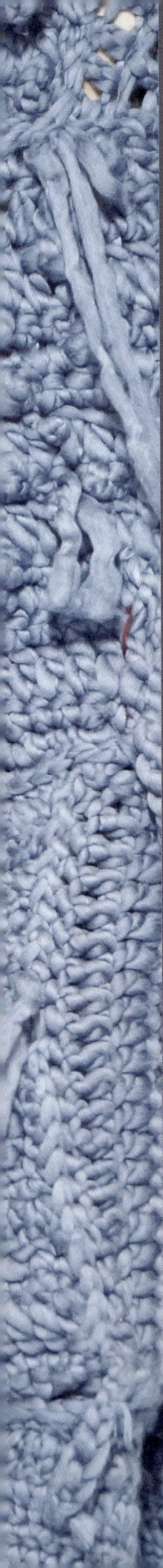

1

第一章

概述

第一节　对美的追求与发掘是灵感的源泉

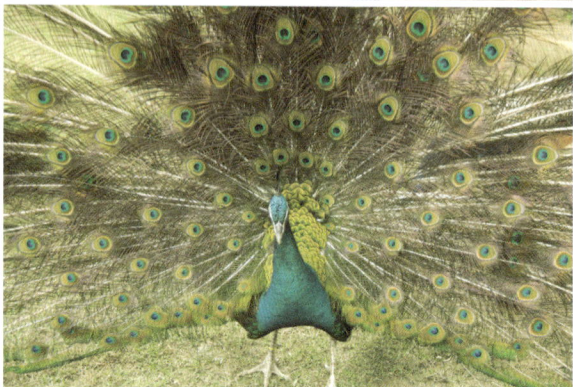

图1-1　不同动物对美的追求

拥有更美的外表，就能获得更多的生存资源和更广阔的生存空间，这是最为古老、最为原始的生存法则之一，这种生存法则几乎对地球上所有的族群都适用。雄狮比雌狮体型更加威猛高大，脖子周围有长而浓密的毛；雄性孔雀拥有更加漂亮的羽毛，而且开屏的专利也只属于雄性孔雀；公鸡不仅有比母鸡更漂亮的羽毛，而且有更嘹亮的歌声……

这一切已经司空见惯的自然现象，其实都是自然界优胜劣汰选择的结果。也许在狮子这个物种刚刚出现的时候，雄性和雌性动物之间并没有如此巨大的差别，只是在漫长的繁衍过程中，拥有更强壮的体魄、更威猛的外表的个体，能够获得更多异性的青睐，掌握更多的繁殖资源，慢慢地，体型一般的雄狮的后代越来越少，直到基因完全失传，甚至被自然界淘汰。孔雀、鸡等许多其他物种的发展，也经历了差不多的自然选择过程（图1-1）。

人类，作为一种高等生物，拥有别的物种无法比拟的智慧。在人类社会中，慢慢地这种规则不再局限于性别之间，而是适用于每个个体。和其他物种相比，人类的竞争远不止原始的繁殖资源的竞争，而是涉及其他各个方面。在这些竞争中，出色的外表，同样发挥着不可替代的作用。人类作为拥有高等智慧的物种，并不甘心处于被自然选择的被动状态，而是主动创造条件去追求美。

一、充分利用工具

正如马克思的历史唯物主义观点认为的那样，人类和其他物种最主要的区别之一就是懂得利用工具。其他物种仅仅懂得利用自己锋利的爪牙、威猛有力的肢体，而人类却懂得如何利用外界的工具来为自己创造更有利的条件。

比如在外形的塑造上，人类并不满足于自然界赋予自己的容貌，而是懂得通过借助其他的工具来进行修饰，从而达到更美的观感和自身体验。比如对毛发的修剪、服饰的搭配、利用化妆技术对先天某些瑕疵进行掩盖，等等。人类无时无刻不在运用自己的智慧，将自己变得更加美丽动人、赏心悦目。

在抵御外界严寒的时候，其他的物种只能尽力生长更长的体毛，或尽量补充更多的能量，增厚身体的脂肪，有些动物还会依靠改变自己的体温，甚至暂停身体机能的方式来度过寒冷的季节。而人类却不同，我们的祖先发现，能够以兽皮或者从其他自然界中可以获取的东西来辅助自己抵御严寒。此外，这些兽皮等物质还能在活动的时候，起到保护人体的作用。

随着人类劳动创造力的提高和对新工具的使用，以及自然界中更多的生活、生产资源被开发，人类服饰不再仅仅直接取自自然界的兽皮或宽大的树皮、树叶，而是开始自己加工生产（图1-2），即掌控了发挥创造空间的主动权。这时候制作、加工出来的服饰，已经不能仅满足人们保暖或防护的实用价值，而是要追求更多的审美价值和精神价值。同其他物种一样，人类同样希望能够掌握塑造自己外貌的主导权。因此，我们的祖先开始通过生产、加工服装服饰，来修饰自己的外表。

图1-2 现代纺织设备

二、挖掘不同材料

在原始的人类社会，用棉麻纤维代替了兽皮、树叶，这一看似小小的进步，却是人类服饰创作的一大飞跃。这种飞跃不仅是指衣服更加舒适和实用，也不仅是更加美观，最为重要的是，人类在服饰方面的创意之路从此开启，一发不可收（图1-3）。

图1-3　羊毛材料与棉花材料

不同原材料不断被发觉，不同的缝制技术不断被创新，不同的工具不断被发明，不同的配饰不断被创造……人类的服饰越来越复杂，越来越让人眼花缭乱。同时，服饰最原始的功能角色不断被新承载的功能角色所冲淡。直到今天，服饰已经演变成人类的第二张脸，它能够反映一个人的社会角色、经济能力、审美情趣、生活习惯、宗教信仰，等等。

现在的服饰承载了表达思想文化层面的功能，我们也越来越注重服饰的社会作用，也有越来越多的人投入其设计之中，以期创作出更好的作品，这不仅能表现外在的美，更可以表达我们内心对美的一种认知和向往。

无论是在原始社会，还是在21世纪；无论是原始社会的单一，还是当今社会的纷繁复杂，促使人类不断对服装进行改进、创新的最原始的动力就是人类对美永无止境的理解与追求。这种对美的追求有外在的，也有内在的。

人类对服饰美的追求，可谓是竭尽全力，生怕漏掉了一丝创造美的灵感。这种对美无限的渴望，是促使人类不断对服饰进行改善、创新的动力源泉。我们今天在服装超市、品牌专卖店看到的精美绝伦的服饰，归根结底都是在这种驱动力下设计完成的。

第二节　不同的审美和不同地域决定不同的服装潮流

虽然美是人类的共同追求，但是不同的人生活在地球的各个地方，不同的气候，不同的文化，造就一方水土养一方人的客观事实，其对美的理解都有所不同。在追求美的过程中，所用的方法和表现出来的形式也各有特色，形成了不同的审美观念。这种不同的审美观念地域特征区别明显，越古老的时期这种地域特征越显著。

其中一个区别就表现在服饰上，最为直观的就是不同民族所呈现的不同样式、不同色彩和不同材质的服饰。由于不同的自然环境（图1-4），各个地域的原始生产资源不同，所以服饰的材料就有区别，例如北方多棉麻，南方多蚕桑。

图1-4 不同的自然环境

一、不同的自然条件

不同的自然条件下（图1-5）人们的谋生手段也不同，这也直接影响了服饰的发展。在古代中国北方地区人民以游牧为主，居无定所，风餐露宿，经常需要迁徙；南方地区以农耕定居为主，日出而作，日落而息，如果没有特殊的战乱和自然灾害，一般都安土重迁。交通发达、地少人多的地区，从事工商业的人就多，常年在外，需要和形形色色的人打交道。江河湖海等水域周边的人，以渔猎为生，常年居住在水上，风里来雨里去……不同的生存方式，对服饰的要求也有明显差异。

在古代，交通条件不发达，人们相对稳定地生活在某个地域，各个地域之间的交流也比较稀

图1-5　不同的自然条件

少，地域特色比较明显。这种特色，在特定地域范围内就是一种潮流。

　　然而，随着生产力的逐步发展，特别是交通工具的改善，人类的活动范围半径逐渐扩大，出于各种目的，出于版图扩张、商业贸易等，各地域之间的交流开始加强，地域特色也随之交融，并出现了不同地域文化在交流中碰撞、融合、形成新的文化格局的过程。

　　例如，在战国时期，因汉族和北方少数民族的常年争战，汉族人民发现北方马背上的游牧民族在作战能力上往往更加具有优势。经过反复的观摩与研究，除了先天生物基因方面的原因外，也有一些人文的差异。例如北方游牧民族由于常年迁徙，他们的服饰就更加轻便灵活，更加适合骑马奔驰。因此，当时的赵武灵王就推行胡服骑射的政策，即"习胡服，求便利"，这样，北方的服饰就进入中原，对中原本土的服饰文化产生了冲击，并形成了一种潮流。

　　同样，北方的少数民族也发现在国家治理、管理方面汉族统治政权具有许多长处。在南北朝时期，北方大乱，政权更迭频繁。北魏孝文帝虽然是少数民族，但是十分敬仰汉族的文化，不仅自己是汉学大师，还大力提倡、推广汉文化。为了更好地引进和学习汉文化，孝文帝除了引进了大量的汉族书籍文献、管理制度外，还迁都洛阳，并大力推广汉族服饰。孝文帝十分清楚，服饰不是几块布料的拼接那么简单，而是一种文化与精神的载体。

　　如今，整个地球被便利的交通网与互联网所覆盖，物质和思想文化都能快速而自由地流通。服饰文化的地域性特色也正在逐渐减弱，更大空间范围的服饰潮流正在形成。如法国巴黎、意大利米兰等地举行的国际时装周，很快就能在全球范围内引发一次时尚风潮。

二、不同时期的审美需求

不同的审美风尚，不仅在横向空间上有所差异，在纵向的时间上也各有特点。最根本的是因为在不同的时代，材料、工艺技术不同，人文思想不同，审美不同，所以即使是同一地域、同一民族，其不同时期的服饰也不一样（图1-6）。以前中国女性穿旗袍服装，男性则以中山装为正装。到了现代，我们的服饰基本和西方社会同质化，被卷入整个世界的巨大浪潮之中。

就中国近几百年的历史来说，不同时期的服饰就各具特色。

元朝，蒙古族人的服装常见宽大的袍子，与灯笼相似的衣袖，适宜骑马奔跑。而贵族衣服质地非常考究，材料多用貂皮或羊皮，颜色多为奔放的大红色，十分奢美。

明代，不仅是封建社会制度发展的顶峰，也是服饰制度发展的顶峰。我们今天在戏曲舞台上看到的古装款式，多以明代为基础。我们所熟知的"凤冠""霞帔"，就是明代贵族女性常用的服饰，一般的女性则只有在出嫁的时候才会穿戴凤冠霞帔。明朝的官服制度则是更加系统和完善，能够根据服饰清晰地区分官职品级高低、官职类别，而且纹样、色彩、用料、做工都达到了绝高的水准，在中国的服装发展史上有着举足轻重的地位，对现代服饰的影响也是极其深远。

图1-6

图1-6　不同时代的帝后服饰

　　紧随其后的清朝是一个由少数民族统治的朝代。满族的代表服装是旗装，朴素而肃穆，随即传入中土。满族也是马背上的民族，为了方便骑射，满族服饰用料精简、做工简便、穿戴便利。

　　民国是一个混乱的时代，也是一个变革的时代。屈辱的近代史，使得中国人痛定思痛，开始寻求救国救民的道路，西方的思想和文化趁机大量涌入中国，服饰文化自然也不例外。民国的知识分子和学生是最早接受西方新思想的人，他们抛弃了传统的长衫，吸收西方服装要素，喜欢穿一种被称为"学生装"的简便西服，干练而优雅。孙中山先生就是这种服饰的喜好者，将其经过改造后大力提倡，在当时广为流行，被称为"中山装"。女性则继承了传统服饰，普遍喜欢穿旗袍（图1-7），但是也吸收了西方服饰的元素，对旗袍进行了改良，东方女性之美在旗袍上得到了淋漓尽致的体现。

　　随着时代的发展，服饰也不断地变化，并且带有鲜明的时代特点，代表的是不同时期所呈现出的文化特点和审美潮流。也正是因为中国幅员辽阔、民族众多，而且各个民族之间不断交流融合，才有如此灿烂的服饰文化。反之，丰富多彩的服饰文化，又让整个中华文明更加灿烂辉煌。

　　总之，无论是在不同的地域，还是在不同的时代，服饰所呈现出的不同，追根溯源，都是由当时、当地不同的审美观念决定的。而人们的审美又受到自然条件、生产技术、社会文化以及生活实用、行动方便等因素的影响。

图1-7　旗袍作品（作者：李远婷）

2

第二章

面料再造的作用与市场价值

第一节　面料再造在服装流行中的作用

在不同的时代，人们通过不同的着装来反映着自己对美的追求，以及个人的生活情趣，可以说服装是一个人对美的认知的外在体现。

随着现代社会的发展，正如前文所说，服装文化的地域性在逐渐减弱，整个世界不断呈现趋同性。人们自我意识的逐渐增强，越是在趋同的世界里，人们越希望能够展现自己的独特性，以便体现出自身的优越性和自信心。

然而，在高度工业化、机械化（图2-1），甚至是自动化的今天，服装设计的地域独特性却越来越少体现，每天都有大量千篇一律的服装产品在流水线上生产，然后输送到世界各地。

在这样的时代背景下，很多设计师以及服装生产商开始意识到个性化，或者说个性化定制的重要性。曾经设计师比较关注板型、款式、裁剪、风格搭配等方面的工艺和创意，但是这些特点的表现都比较含蓄，很多时候无法满足大家追求高度个性化的强烈愿望。这个时候，服装的材料和装饰开始受到服装设计师的关注。就体现服装的个性而言，面料更具有显性、更容易实现高度个性化，这一点已经在服装设计发展的趋势和潮流中得到了充分的验证。

经过长期的发展与演变，服装设计开始走上了精细化的道路。特别是近二十年以来，在款式、做工方面的竞争已经趋同，不再壁垒森严，越来越多的服装设计师将关注的焦点放到了面料的再设计上来，越来越关注材料与服装整体制作工艺的完美结合，希望能够通过此种方法来体现自己出类拔萃的设计才华。从传统民族服饰到现在各种时装发布会以及大型的服装设计比赛中可以看到，服装面料万紫千红、各有特色（图2-2）。

因此，现阶段服装设计师要想表现得与众不同，就需要在面料上下功夫（图2-3）。反之，差异化又是在社会发展的大背景下，人们审美观发生变化而影响到服装市场的变化，最终刺激到服装设计师的创意和消费者的需求。

图2-1　现代化机械

创意是需要灵感的，而一切灵感均源自生活本身以及人类在漫长的发展过程中以各种形式沉淀下来的艺术文化。

图2-2　民族服饰局部

图2-3 面料再造局部与成衣作品《一行一线》（作者：甄靖怡）

第二节　面料再造在服装行业中的市场价值

在中国改革开放四十多年的历史中，服装行业也和其他诸多行业一样，面临着同质化的困扰境地。因为在前期的计划经济体制下，服装严重供不应求。经历了野蛮的生长期后，在一定时期内，服装企业在企业品牌、产品质量、产品个性化等意识方面就没有足够重视。随着人们生活水平的提高，生活质量的改善，人们的消费观发生了变化，对产品品质的追求更高，市场也会自动适应消费者的需求，进行优胜劣汰的自然选择。同质化的产品越来越缺乏竞争力，这个时候，无论是服装企业还是服装设计师都开始想方设法凸显自己的特点。很明显，在激烈的市场竞争中，差异化是最可靠的实力。为了生存，企业的品牌意识也会越来越强。

一、设计师的创意需要通过面料再造不断更新

如何挖掘、凸显自己的品牌个性，打造属于自身的品牌文化，成为众多服装企业努力的方向，也是服装企业竞争的核心，这关系到服装企业的生命和发展前景。

单纯具有创意创新还不够，更重要的是需要将其融入产品中，形成自己独一无二、不容易被别人抄袭和模仿的风格，才能成为制胜的关键。要想不被超越，就需要自身不断更新，始终保持设计创新的灵感与激情（图2-4~图2-6）。

图2-4　《匠心》作品效果图（作者：李宗彭）

图2-5 《匠心》面料再造灵感（作者：李宗彭）

　　正如前文所说，现今是个性化空前张扬的时代，消费者迫切需要通过服装来表现自己独一无二的个人气质，这也反过来推动了设计师努力进行新的探索。此前，服装在款式、造型、裁剪工艺等方面虽然能够体现个性，但是往往不够明显，容易造成审美疲劳，而且创意发挥的空间十分有限。因此，服装面料的创新再造越来越受设计师们的重视，因为通过众多手段来对面料进行加工、改造，不仅能够很好地表达设计师们独特的创意，而且能够比较明显而准确地将这种创意传达给消费者。设计师们的创意可以通过各种手段来实现，比如尝试用科技手段对面料的外观进行艺术再加工。同时，服饰面料局部富有艺术性的装饰，也被很多设计师熟练地运用，以满足消费者越来越高的审美需求。

二、面料再造解决服装创新存在的问题

　　创新是要彰显自己的个性，模仿抄袭自然解决不了问题。差异化、富有自己特色的设计标签，才是如今在服装设计界立足的资本。但事实上，大家还只是从思想上认识到了独立、原创的重要性，但是这个问题还并未从实际上得到解决。首先，我国大多数生产服装面料的企业产品定位还是以中低端为主，在创意和实用之间，更加注重实用。因为没有得到足够的重视，大多数企业一方面没有专门的设计开发机构和经费，另一方面缺乏这方面的专业人才。直接的结果是，服装设计师很多富有创意的新颖想法无法在面料上得到实现。如果要解决这个问题，最直接而有效的方法就是让服装设计师参与到服装面料的开发中来，同时要更多地吸收市场消费者的意见，把

图2-6　服装设计作品《匠心》（作者：李宗彭）

握市场的潮流动向。只有让服装面料真正具备了独特的创意内涵和强劲的市场占有力，才能具有进一步发展的动力，才能保持活力。

第三节　面料创新的重要性

　　长期以来，服装面料一直以独立产品的形式存在于服装市场体系中，但是这并不妨碍其通过创意设计来实现非凡的艺术魅力。而要将面料创意完美地体现到服装成品中去，则需要整个服装生产链条上各个环节的密切合作来实现。

　　服装设计师的很多富有创意的想法，需要通过面料来实现，而富有创意的面料，又往往能给设计师某些灵感上的启发，这两者是相辅相成的关系。这一点，在很多大型服装展览会上可以看到。很多面料生产商会将自己的得意之作展现出来，其不仅是在呈现优质的产品，更多的是在展现自己的产品研发能力，打造自己的品牌形象。而设计师们则会来搜集、观摩这些独特的面料，一方面看是否与自己的设计创意相契合，另一方面也希望能够启发自己的设计灵感（图2-7）。

图2-7　面料创新服装设计作品（作者：李嘉欣）

　　也正是以上原因，面料再造越来越受到重视，这一点在近几年服装行业的发展中，特别是近几年崛起的众多原创服装设计师品牌中得到了佐证与体现。

　　服装面料再造的创新主要通过两方面来实现，其中最直接的是面料生产商家。他们是新面料开发创新的中坚力量，是尝试新的面料再造工艺与手法的推动者。

　　另外，服装设计师们对面料再造的探索不曾停止。作为一名设计师，总是会有很多奇特的灵感，他们的这些想法需要找到合适的载体，以恰到好处的方法表现出来（图2-8、图2-9）。另一方面，设计师也会面临灵感枯竭的问题，这时候他们总是会借助各种方法寻求灵感。无论是出于什么目的，面料再造都是一种不错的尝试。

图2-8　效果图与面料再造（作者：陈佳楠）

图2-9　面料再造服装设计作品（作者：陈佳楠）

　　就如前文所讲，要想满足消费者对个性前所未有的热烈追求，很多时候通过面料再造进行服装设计创新就是不错的选择，因为很多夸张的想法无法通过裁剪和款式来表现，只能通过面料以及面料装饰来实现（图2-10）。从某种程度上来讲，现在的设计师花费在面料设计上的时间和精力比服装本身上还要多。他们需要找到合适的材质，并让设计创意与材料契合，即先设计面料，再设计服装本身。

　　面料再造的创新和实现，最终需要在面料生产商家和服装设计师以及消费者的市场需求之间彼此碰撞和协作来共同完成。

图2-10 面料再造服装设计作品（作者：陈东玲）

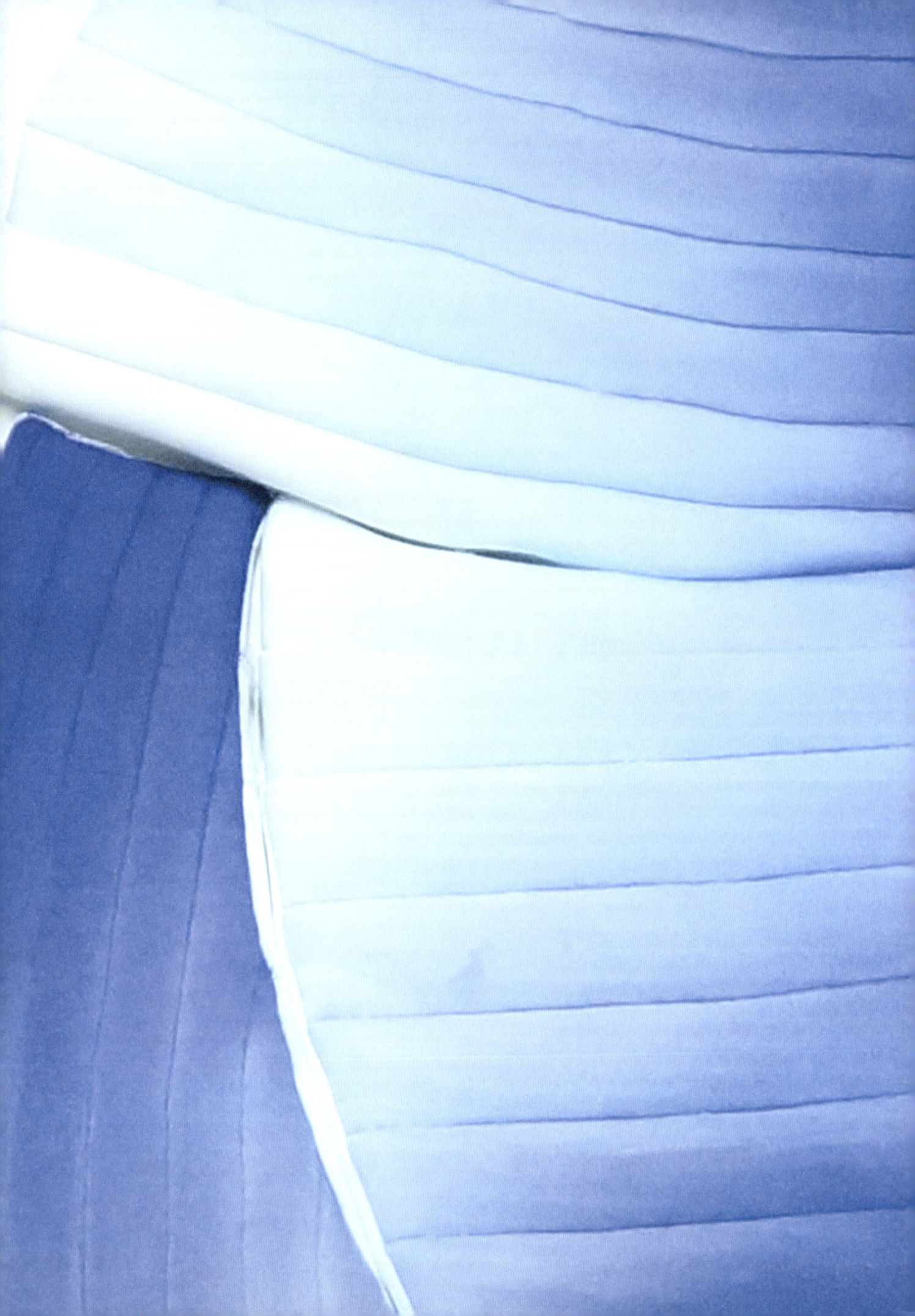

3

第三章

面料再造的灵感
来源

　　中国地大物博，有几千年的历史文化沉淀。艺术文化就是一个巨大的宝库，不同地区、不同时代的成就各有不同。而这些元素经过长时间的沉淀与选择，成为设计师们灵感的海洋。同时，中国传统民间艺术中众多的技艺与方法，为服装设计面料再造提供了直接或间接的有效技术参考。比如中国传统水墨画、印章、书法、木版水印年画、剪纸、雕刻、泥塑、彩绘、壁画，贴布绣等（图3-1），都可以是服装设计师们无穷无尽的灵感创作源泉。

　　或许我们从另外一个角度来理解更为简单，无论是服装设计也好，还是其他的传统文化，都是人类在漫长的发展过程中形成的自身独特文化的一部分，反过来又都是人们表现自身独特文化的一种形式，同时它们又都继承和发展了人类伟大的创造力，对人类后世文明向前发展有着十分强大的促进作用。

第一节　贴布艺术与面料再造

　　贴布，是我国传统工艺之一，首先找来一块底布，然后将上浆的色布裁剪成想要的形状或花

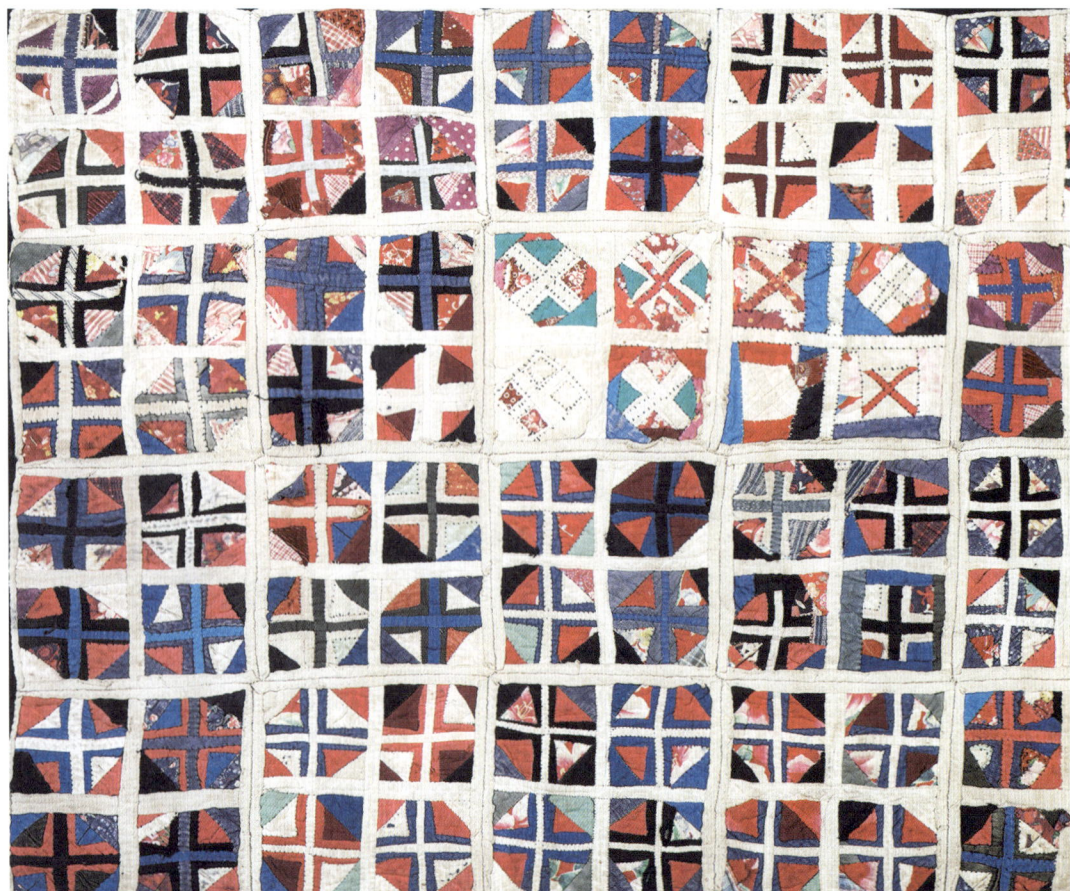

图3-1　贴布绣

式，贴在底布上，再用锁针将图案边缘锁牢。贴布在我国历史悠久，十分常见，不同的地方，特点迥异。比如江浙地区的贴布工艺剪成固定图样后不再卷边，连续紧密的针脚，清晰可见的轮廓，美观大方。单色是最常见的配色，以清新淡雅的格调见长。在图案的不同部位，还会和其他的不同的针法结合使用，形成独树一帜的风格。

最早的贴布艺术源于物质匮乏的时期，勤劳而智慧的劳动人民为了最大限度地利用废弃的边角料，发明了独特的贴布艺术。现在的贴布已经成为一种专门的工艺，是服装设计的创新手段之一。

贴布艺术已经经历了近几千年的沉淀，集合了剪纸、绘画、刺绣等多种工艺精髓。在艺术表达形势上，有着独特的优势，特别是在立体呈现上更加别具一格（图3-2）。

在现代服装设计领域中，民间贴布艺术最大的作用在于装饰，也是众多设计师设计灵感的重要来源。民间贴布艺术在服饰中的装饰作用，已经不是一种简单的表面装饰，而是在表达一种特定的审美思想，是满足设计师独一无二设计理念的重要手段。

图3-2　花鸟百衲被

一、满足视觉审美的艺术性装饰

（一）简单图案的丰富表达

民间贴布艺术，最为简单的就是利用单一的图案通过精心排列后反复出现，从而达到特定的效果，传达特定的情感。或者用简单的图形和线条，组合成特定的图案，就像简笔画一般，生动有趣。

稍微复杂的就是以多种图案进行装饰，这种贴布图案往往已经不是简单的线条或图形，而是一些基本成型的、生活中常见物品的象形图案，例如动物、花卉或是简单器具。

（二）表达寓意的图腾

贴布图腾几乎无处不在（图3-3），因地域不同、民族不同、对象不同，表达的方式和象征的文化符号也各不相同。在制作服饰时，人们总是喜欢将这些图腾符号加在服饰上，传递一种美好的寓意。

贴布艺术不像写生艺术那样要求独创形象栩栩如生，一般反而会比较粗犷、古朴，有着浓郁的乡土气息。但越是这种神似而形不似的状态，更别有生趣，更耐人寻味。这些特别的表达，总是能够刺激人的视觉神经，从而受到服装设计师的青睐。

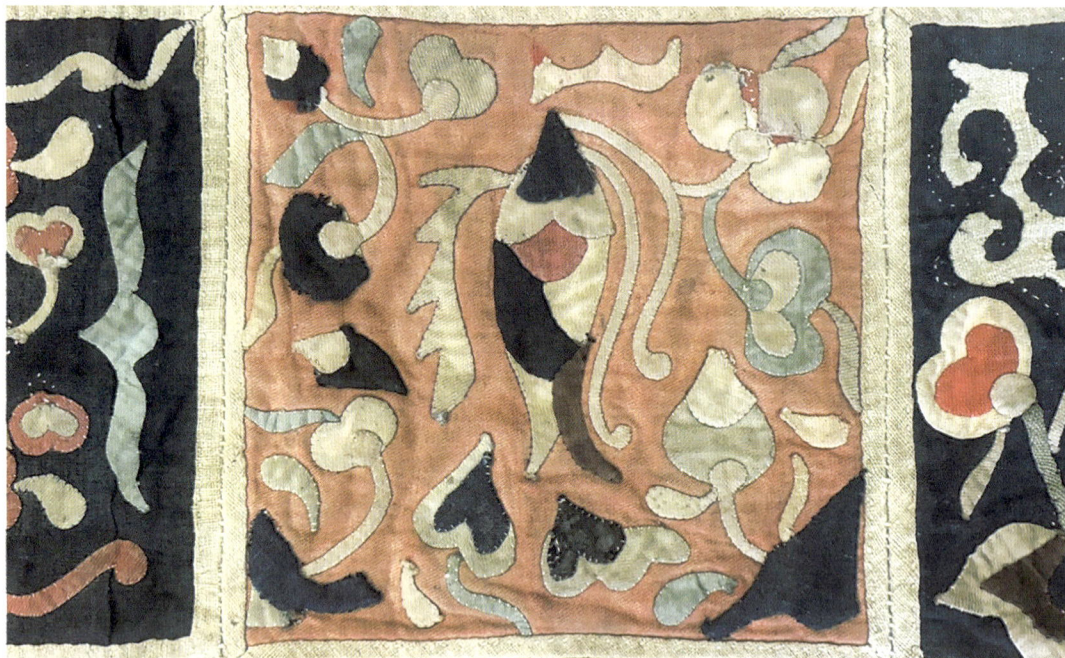

图3-3　贴布图腾

二、满足实用需求的功能性装饰

服装装饰除了追求美，让衣服好看外，还有另外一个目的，那就是实用。很多服饰装饰最初的设计目的是满足实用需求，后来慢慢发展，形成实用与装饰美两者兼顾的形式。

用民间贴布艺术对服装进行装饰，刚开始纯粹是以实用为目的，其次才是装饰作用。比如荷包，其首要作用是为了携带东西方便，其次才是为了装饰。另外，衣服的肘部、裤子的膝盖部位特别容易被磨损，为了解决这个问题，制作成衣的时候，如果在这些部位加厚一层，就可以起到既防磨损，又可以增加衣服美观的作用。

第二节　彩塑与面料再造

彩塑，是中国一种非常古老的手工艺，最早的彩塑工艺常常是因为宗教的需要。彩塑先多用以木制的骨架做成大概轮廓，再在上面用黏土塑形，阴干后要经过填缝、打磨、上色、描绘等工艺才最终制作完成，广泛用于宗教场所如石窟、庙宇，或其他生活场所。

因为地域不同，彩塑的艺术形式差别很大。彩塑用色非常讲究，特别是其独特的"晕色"色彩表现形式，是奠定其艺术地位的关键。彩塑在晕色表现技法上主要有褪晕法、一笔两色法、撇丝法、飞白法、排列拼接法、喷绘法、打磨祛色法等。这些独特的技法是人们经历了漫长的历史沉淀所积累下来的文化瑰宝，不仅使彩塑在业内占据了不可替代的地位，还对服饰的发展，特别是服装色彩的表达也产生了深远的影响。

一件美观的晕色面料创新作品，既要具备传统文化的底蕴，又不能脱离现代设计审美需求，而彩塑抽象化、意象化、符号化等特点，就具有十分重要的参考价值。

一、平面应用

"晕色"作为一种色彩渐变的表现形式（图3-4），具有形式多样化的特点，可以通过印染、蜡染、段染、注染等多种传统手法实现，注重整体表现效果。将色彩晕色单元、渗透形式进行放大，就能实现色彩缤纷的效果，仿佛给一件雕塑品上色一般。再综合一些现代技术手段，如数字印花、激光雕绘等方法，就能形成全新的视觉效果。

二、肌理式应用

肌理面料再造的工艺手法非常丰富，但是无论用什么手法，肌理的再造，都要在起到装饰作用的同时，兼顾色彩形态的疏密恰当、渐变合理。

图3-4　彩塑"晕色"

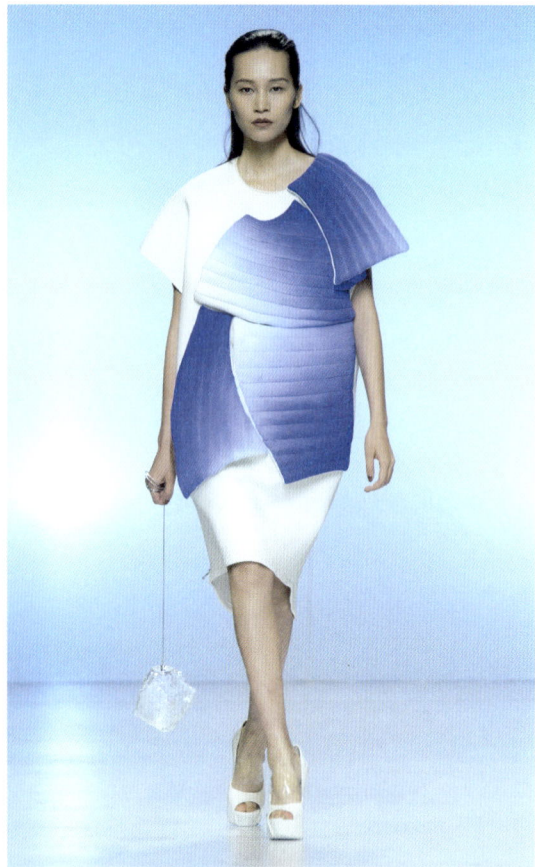

而在这个过程中，晕色如果运用得当，就能达到非常好的效果（图3-5）。

以珠绣为例，虽然珠点的形式丰富多变，但是如果我们将视角放到最小单位的一个一个珠点，就会发现各个珠点在排列成形态各异的点、线、面的时候，如果希望达到较好的效果，最好能够呈现出晕色的既视感。而彩塑中的撇丝晕色的效果，就是利用以线到点疏密渐变来实现层次鲜明、过渡自然的效果，或文雅恬静，或华丽活泼。

三、叠加透视效果应用

很多时候为了塑造出服装立体感的效果，设计师们往往会采用面料叠加的手段。在视觉效果上，对面料的叠加有着较高的要求。

图3-5　肌理面料再造服装设计作品（作者：曹媛媛）

不是简单的层叠，而是要求错落有致、虚中有实，既要有立体感，又要有丰富多变的层次感。而彩塑的晕色恰巧有这种效果，能够给设计师很好的启发。

彩塑晕色往往注重在整体上达到意象表达和审美的塑造，形成色彩上的渐变和视觉上的空间感。需要在面料上实现这一效果，既可以采用相同面料的叠加，也可以选择不同材质面料叠加，只要处理好色相或明度的色阶渐变关系即可。

四、复合式应用

从前的设计师们从来不像现在一样有如此广阔的发挥空间，无论是材料的丰富性，还是手段的多样性，都随着时代的发展越发丰富。而且，同行们之间的交流也更加便利和频繁，消费者对创新性服装的需求也大幅上升，这一切，都是设计师们赖以创作的动力来源。思想有多远，就能走多远；心有多大，舞台就有多大。凡是设计师们能够构想出来的创意，总能够找到恰当的方式去实现和表达。

彩塑独特的晕色表现手法所达到的效果，可以借鉴到服装面料创新上。设计师们可以综合运用各种手段，以面料为基础，选用不同的材料和各种面料再造的技巧，结合多角度创意联想，来实现晕色效果。

第三节　剪纸与面料再造

剪纸，是中国古老的民间手工艺之一，是一种纸上的雕塑艺术，是中华民族悠久历史文化的载体之一，能够很好地表达创作者的情感和审美诉求。剪纸工艺经历了漫长的岁月沉淀，带着非常明显的"中国元素"，对中国文化产生了深远的影响，剪纸与面料再造设计的运用也不例外（图3-6）。

图3-6　剪纸作品1（作者：刘立宏）

一、剪纸的色彩应用

剪纸经过漫长的历史发展过程，几经变迁，类型不同，形式各异，用色方式自然也有所区别。有的逼真，栩栩如生；有的写意，意蕴无穷，风格不同，各有千秋。

在最初，历史最悠久的剪纸是单色剪纸，并且有阴刻和阳刻的区别。剪纸秘而不乱，疏而不漏，用极简单的手法，表现极丰富的内容，变幻繁复而又整齐有序。所用的场合不同，需要表达的意义不同，则用纸的不同颜色和形状来区分。比如婚庆、节日等喜庆的场合，则多用大红色。剪纸往往明暗有度、对比鲜明，这些特点都被设计师们直接或间接地运用到了服装设计面料再造之中。

除了单色，剪纸还有套色、点染、分色等复杂的用色技巧。在多个色彩组合运用中，往往以其中一个色彩为主，冷暖关系对比恰当，丰富多彩，而不显杂乱。

随着时代的发展，很多原来剪纸中一般不用的色彩，也渐渐被接纳。这些可能是服饰或其他领域中流行的色彩，后来被剪纸匠人所吸取。剪纸工艺的演变，又反过来对服装设计的发展起到了很好的启发和推动作用。

二、剪纸在服装面料再造中的表现

剪纸本身具有诸多表现手法和技巧（图3-7），如果能够将这些艺术应用到服装面料再造中，结合不同的面料特点，往往能够达到意想不到的效果。

根据不同的面料和不同效果需求，剪纸在面料再造中常见的表现手法有印染、刺绣、镂空、印花烂花、叠加、盘花等。这些传统工艺手法在剪纸中都有纯熟的运用，也是中国传统文化最为经典的表现形式和表达方法。在服装漫长的发展历史中，特别是在今天，中国元素再次举世瞩目，设计师们越来越多地将这些传统元素运用到服装面料设计中。而作为中国传统文化代表之一的剪纸，自然给面料再造设计领域注入了更多、更有价值的活力因素（图3-8）。

图3-7　剪纸作品2

图3-8　剪纸面料再造服装设计作品（作者：黄芬芳）

第四节　漆器装饰与面料再造

漆器，是指用油漆涂抹在器物表面形成的特定形状、花纹等艺术效果的器物。油漆具有很强的塑造性，因此能比较理想地表达立体艺术效果。在远古的新石器时代，中华民族的祖先就已经开始用漆装饰器物，此工艺在汉代达到顶峰。在我国历史发展中形成的此项杰出工艺，影响范围扩大到了广大海外地区。

一、装饰纹样的借鉴和启发

不同艺术之间是相通的，服装设计艺术也不例外，设计师们向来擅长跨界借鉴。作为中国一种古老而悠久的艺术品，漆器当然也受到设计师们的青睐。不仅很多素材可以直接供服装设计师参考、借用，还能从灵感上给予设计师诸多启发。

在机械化工业高度发达的今天，很多时候的艺术设计产品难免显得同质化。要么是整齐划一，要么是过于追求抽象，让常人难以理解。而漆器的装饰纹样则不同，是一种基于某种原型的抽象，有其型也有其神，神形兼备。

在众多的花纹式样中，漆器有一种云纹尤其得到服装设计师们的追捧。它源自设计师对自然物进行的合理抽象表达，源自现实又高于现实，神似而形非，准确领会其精髓，可谓传神。合理抽象，对事物进行准确的一种表达方式，同时受到社会风尚和传统哲学的双重影响。可以说，这种注重精神契合的设计理念，是艺术的升华，既不落于俗套，又不至于让人无法理解。这是一种灵魂与灵魂的碰撞和交融，服装面料的设计再造，当然也是这个道理。

漆器作为历史悠久的工艺文化产品，自然会带有时代特有的文化信息。在历史上，大部分艺术创造的灵感都源自自然界，加上当时农耕文明社会现状，人们和自然界有着亲密的接触，自然就有浓厚的感情，设计工匠们从感情上也十分愿意借鉴自然界的元素。

人类发展到现在，各种高科技的工具和手段被发明和利用，为人类认识客观世界提供了前所未有的帮助。我们对客观世界的认知也自然达到了前所未有的高度和深度，但这对服装设计师来说，却并不一定是好事情。太多的选择和没有选择一样困难。眼花缭乱，反而让人莫衷一是，不知何去何从。选择太多，容易陷入迷茫，现在的设计师也特别容易陷入灵感枯竭的窘境。漆器这种返璞归真的设计思路，却给我们提供了非常好的参考和借鉴。

有时候，放弃花花绿绿、纷繁复杂的社会现实，回归朴实、简单的自然之中，借鉴自然元素，以此为蓝本，衍生出新的艺术形态，往往会有惊喜。

二、装饰题材在服饰上的表现

　　漆器所表现的纹样可谓无所不包，鸟兽虫鱼、花草树木、日月星辰、天空大地，应有尽有。这些经过漆匠们加工过的纹饰图样，栩栩如生，神乎其神。而在当时，无论是纺织还是印染技术都已经十分成熟，这些图案纹样自然被服装设计所借鉴，并一直流传至今。

　　日月星辰是古人最容易用肉眼就能看到的天文现象，所以漆器自然而然少不了这些图纹，其又直接影响了服饰的发展，例如云锦中的"云气纹"，就最能代表汉代的神韵，其行云流水的线条走势，画面更是让人有着无限的遐想空间。

　　常见的动植物，特别是一些有着特殊寓意的动植物，自然也深受工匠们的最爱。除了人们想象构思出的龙、凤，还有现实中的虎、豹等，以及牡丹等植物花样，既是漆器常见的装饰纹样，也在服装领域被广泛应用。例如，至今依然耳熟能详的就有龙袍莽服、凤冠霞帔，以及代表喜庆的"龙凤呈祥"图案依然被现代服饰设计师们广泛应用。

　　除此之外，一些简单的几何图形，经过工匠们的巧妙组合，也总能够达到意想不到的艺术效果。而这些，也是能够直接被服装领域借鉴之处。

三、装饰色彩在服饰上的体现

　　在历史的不同发展时期，漆器工艺所取得的成就各有不同，也各有特色（图3-9、图3-10）。例如随着汉代的经济、文化发展达到了一个高峰，社会物质生活得到空前提高，并开始和周边国家互通有无，贸易往来，物质资源更加丰富。各种艺术装饰逐渐追求一种奢靡之风，

图3-9　漆画作品《日辉》（作者：林钟才）　　　　图3-10　漆画作品《月照》（作者：林钟才）

漆器的色彩也开始变得丰富起来，大红、绛红等明丽的颜色越来越多地被利用，和漆器原本的灰色、棕色等较暗的色彩搭配，既大气磅礴、富丽堂皇，又不失典雅。这些色彩搭配的技巧，被直接用在服装上，则显得冷暖适宜、明艳动人。服装的功能不再是简单的实用，还更加追求审美。服装可以作为代表不同身份和地位的符号。也就是说，服饰变得丰富多彩的背后，其承载的精神、社会其他内涵也更加多样。

四、装饰纹样结构上的表现

在远古时期，图案是人们认识"美"的启蒙，寄托着对生活美好的深切向往，也是简单的生存以外，对精神生活追求的起步。

漆器的装饰纹样，追求色调协调、色块和谐，既鲜明夺目，又质朴厚重，既变化无穷，又呈现了时代的统一审美风格。这种变化与统一的辩证关系，同样能够在服饰中体现出高度的文化内涵和审美追求。明亮的色彩、丰富的图案，既有时尚的冲击力，又不乏古朴典雅。

漆器在图案的排列上十分考究，节奏与韵律缺一不可。在布局上，更是气势宏大，虚实相映；表现手法彼此穿插，繁中有简，乱而有序，静而有动。这些都是面料再造不可多得的具有借鉴意义的资源。

五、加工工艺的借鉴

好的创意，如果没有合适的工艺和手法将其完美地表现出来，一切也是徒劳。

虽然漆器各种装饰技法是表现在器物上的，但同样对面料处理工艺具有借鉴意义和启发价值。

例如，漆器经常用漆来涂抹形成一种斑斑驳驳的表面肌理，并且有时可以利用厚漆来绘制出各种各样的图案，形成有立体感的效果。服装面料设计当然也可以借鉴这一技巧，虽然服装面料的材质和漆器完全不同，但并不影响对这种工艺技法的借鉴。在面料再造手法中，也经常可以看到这样的手法，即先利用面料缝制出层层叠叠的花卉图案或者抽象图形，再利用漆画厚涂手法，把颜料厚涂在面料上，形成统一的色调，由于面料与颜料的黏合度问题，颜料干后会呈现出漆画斑斑驳驳的裂纹效果（图3-11）。

现代服装设计在借鉴漆器装饰纹样时，需要兼具批判精神和创新精神，取其精华，去其糟粕。吸收其精神内涵的神韵，又充分利用现代丰富多彩的创造手法，革新再造，使之与现代审美相协调。

我们既可以参考漆器装饰纹样的素材、构图思路、整体布局、色彩搭配，还可以吸收它的设计理念，既可以借鉴到整体造型中，也可以在局部设计中体现，还可以运用到配饰中。

图3-11　服装设计作品《裂痕》(作者：叶云花)

第五节　皮影与面料再造

　　皮影戏，又称"影子戏"(图3-12)，和舞台上的戏剧演出不同，皮影戏的人物角色是用兽皮或纸板剪成的，有名的唐山皮影多用上好的驴皮剪成。皮影戏也有剧本、角色设定和台词，是一种民间戏剧。早在西汉时期就已经有这种艺术，唐朝十分兴盛，到了清代更是风靡。元代的时候，皮影艺术被传到了现在的西亚和欧洲。

　　皮影造型独特、用色丰富、外形靓丽、构成严密，而且体现了民族文化特点以及传统戏剧文化的精华，这些都为现代服装设计提供了参考和设计灵感，而且提供了诸多丰富的制图元素和别具一格的表现形式。

一、皮影造型在服装中的借鉴

　　皮影的造型主要部分是头和身子，造型以抽象写意为主。头的塑造、勾画、剪刻、上色都细致入微，既是整个角色的重点，也是特色所在。因为皮影和戏剧有诸多相通之处，在角色设定上也和戏剧的生旦净末丑一样，皮影造型也有明显的分类。由于皮影最终呈现出来的是投影，为了辨认方便，不同角色的造型模仿戏剧中的夸张化妆手法，这样不同的角色之间就一目了然，非常容易辨认。

皮影戏同样源自生活，但是受限于表演的舞台和特殊的表演形式，它追求的是神似。正因如此，看皮影戏就有了广阔的可供想象的空间。面料再造完全可以吸取皮影戏追求神似的韵味，将其民间特色与现代服饰的设计思想融会贯通。

在现代服装设计中，尤其是民族服饰的设计，如果能够充分融入皮影造型，会很好地体现东方审美，使得服装更具韵味。

皮影对角色的刻画多借助于夸张的手法，集中强调某一元素特征，从而增加角色的记忆点，形成高度的识别度。这种设计的精神是服装设计应该着重学习和借鉴的。唯有如此，独有的艺术魅力才能更好地被发掘和表现出来。同样，皮影对生活素材去粗存精、删繁就简的艺术表现手法，对服装设计也具有非凡的借鉴意义。

二、皮影色彩在面料再造设计中的借鉴

色彩艳丽、对比鲜明、诙谐有趣，是皮影的特点，因此，皮影在用色技巧上多采用大色块交叉使用。皮影的用色对比鲜明，不仅是不同角色之间用色迥异，同一角色不同局部之间也往往使用鲜明的对比。将这一特

图3-12　服装设计作品《皮影》效果图（作者：莫春燕）

色借鉴到服装设计中（图3-13），即当服装设计师将自然界的颜色升华到艺术设计形式时，可以通过正比例、反比例、局部色彩对比等方式进行设计，从而体现出明快的色彩，又同时兼具浑厚的文化底蕴与深远的岁月痕迹，让整个服装更具特色与艺术欣赏性。

图3-13　服装设计作品《皮影》（作者：莫春燕）

三、皮影图案在服装设计中的借鉴

皮影中图案和纹饰均源自自然，然后进行抽象加工形成，造型夸张、结构严谨、丰富多彩、色彩厚重，同时具有鲜明的规律性。例如，用云朵、凤凰、香草、鲜花等发饰来代表女性角色，而男性则多用龙、虎、水等作为装饰图案。在所有图案中，外形线条主次分明，内部结构则不十分明显。这种用点、线、面等形态突出表现的图形，有着非常强的视觉效果。为便于加工，皮影在服饰上的纹理则多采用图案组合，这并不影响服饰的丰富多彩，并且这些形状在运用中十分巧妙，在规则排列中有灵巧的变幻，形象又精致。

皮影戏本来自民间，源自丰富的大自然，再通过夸张而大胆的联想，将一种厚重质朴的精神表达出来。这也是面料再造设计应该注重和追求的。

皮影有一种独特的民间元素装饰之美，对面料再造设计有着意义重大的借鉴作用。皮影的图案大小自如，拆开为点，连点为线，把大小不同的面巧妙运用拼接方法而构成造型各异、神韵独具的各种形态，这是服装设计应该从中吸取的精华。

皮影的造型也丰富多彩，很多图形能够供服装设计直接引用，就像皮影从生活中吸取图案素材进行加工一样。面料再造也可以直接从皮影中吸取图形元素，再结合印染、拼接、拼布等工艺手法，大胆想象，为服装设计创造无限的艺术空间。

四、皮影制作工艺对面料再造设计的借鉴

传统艺术不是单独存在的，而是彼此融合、融会贯通的，皮影戏就巧妙结合了剪纸和雕刻。一些常见的剪纸图形和手法，几乎都能在皮影中找到。如果将皮影的传统技艺手法和现代服饰面料相结合，综合利用装饰工艺设计方法，为服饰增添美感，是一种非常可行的方法。

和皮影戏不同，服装设计师可以发挥的空间大多时候局限在一个平面中，但这并不妨碍其借鉴皮影的工艺和技术。还有各种配饰，借鉴一些类似的雕刻和镂空技术，能够有效增加服饰的立体效果，弥补服饰平面的单调性。在借鉴皮影造型工艺的同时，将服装领域的印染、蜡染、刺绣、编织等手法与其相结合，就可以让现代服饰在保持现代时尚审美的基础上，绽放非同凡响的文化魅力。

第六节　图式图腾与面料再造

图腾无处不在，在远古时期大部分无法通过人力直接实现的愿望，先民们都会寄托于某种图腾，它是人类记载神的灵魂载体，也是人的灵魂寄托。作为一种历史悠久的文化，图腾文化已经成了整个人类文明非常重要的一环（图3-14、图3-15）。

然而，图腾归属于精神范畴，虚无缥缈，这就需要将其寄托到现实生活中某个具体的事物上，例如神像、庙宇、伟人与英雄等。

人类最早有图腾，是因为当时人类受自身能力和客观条件的制约，对客观世界的认知有限，很多恐惧无法克服，许多愿望无法实现。为了解决这些问题，就只好将这些情绪寄托在人的主观能力以外的事物之上，从而形成了图腾。经过长时间的发展，这些图腾积淀形成了特殊的文化，得以数千年传承。

然而，随着人类对客观世界认知的不断进步，很多曾经需要寄托于神或其他载体上的事情，人类通过自己就能够轻松实现。神话被打破，曾经可能严肃、神圣的图腾，变得更轻松活泼，成了人们生活的一种乐趣。比如，在君权至上的封建时代，人们相信皇帝是天上的神仙派遣到民间管理黎民百姓的，是天子，他理所应当具有至高无上的权力。诸多器物、车马服饰、仪式规格，

图3-14　龙凤图腾

图3-15　狮子图腾

都是皇家所独有。但是若干年以后，民主思想逐渐深入人心，人们相信即使是皇帝，也和大家一样，是个普通的凡人。因此，人们心中对代表皇权的诸多图腾不再畏惧，很多原来只有皇帝御用的东西，百姓也可以使用。在封建社会时期，普通人如果穿龙袍，是要被杀头灭族的。但是现在只要你愿意，完全可以穿着龙袍走在大街上。

　　在几千年的时间里，各个地区的文化彼此碰撞和融合，图腾已经发展成了某种复杂体系的文化现象，分布于世界上庞大的图腾文化系统中。在这个文化系统中，虽然迷信的成分减少了，但是人们对生活美好的愿望却始终存在。信仰，依然是人们精神生活中最为核心的一环，加上对这些文化元素的使用，从理论上来说，几乎已经百无禁忌，只要恰当合理，任何人都可以取为己用。

　　而对服装设计师来说，历史悠久、丰富多元的图腾文化，就是一个素材库，取之不尽、用之不竭（图3-16）。

图3-16　服装设计作品《调笑令》（作者：陈心茹）

一、民族图腾

在古代，人们会将一切不能解决的问题和不容易实现的愿望，寄托给图腾。图腾的对象最早是大自然，后来是祖先以及神灵等。彼时，人们仅仅将图腾放在心里还远远不够，而是需要以一种具象的事物进行呈现，看得见、摸得着，能够实实在在地感受到，人们心中才会感到踏实。

除了这些特殊的事物或仪式以外，人们更多的是将图腾移植在点点滴滴的生活中，潜移默化，宛若时刻就在身边，例如服饰等衣食住行的方方面面，是生活必不可少的基本条件。有人的地方就有服饰，自然成了人们寄托图腾的最好载体。人们将图腾演化成各种可感知的造型、图案，移植到服饰中，寄托自己对生活的美好愿望。土家族的图腾就是老虎，特别是白虎，所以，土家族人喜欢给小孩子做虎头鞋，他们认为老虎有辟邪的作用，能够保佑孩子平安长大。另外，结婚的时候，传统的中国喜服中经常会见到鸳鸯、龙凤的元素。鸳鸯和龙凤，在人们心中是天生的阴阳相配，是人们心中对婚姻生活的美好象征。同时，龙和凤还是皇家钟情的图腾元素，代表权贵和地位。所以，龙凤呈祥，往往出现在喜服中，寄托了人们对新人百年恩爱、大富大贵的祝福与寄托。

既然服饰是图腾文化的最好载体，图腾元素在服饰中可谓无处不见就更理所当然。同时，图腾又反过来为服装设计提供了很好的参考价值，两者之间彼此成就，这也是图腾文化得以世代相继的重要原因。

二、"衣冠禽兽"

形容一个人道德败坏，人品低劣，我们会骂他"衣冠禽兽"。然而，这并不是这个词本来的意义。曾经，衣冠禽兽并非贬义，而是指上面有禽兽图样的服饰。而且，这些衣服，多为公职人员专用，不同级别、不同官阶，衣服上的图案也不一样。因此，最初的衣冠禽兽，特指在朝为官的人。说一个人衣冠禽兽，可能是祝福他仕途通达，是一种荣耀的象征。

（一）龙袍、蟒袍和凤冠霞帔

中国人自称是龙的传人，可见龙图腾备受推崇。在古代中国，龙是皇权的象征。龙袍是天子专用的服装，一般情况下，其他人如果随便穿着，便会以谋逆大罪论处，是要杀身灭族的。

龙袍，顾名思义是衣服上绣着龙图腾的衣服，在我国封建时代，是帝王专用的服饰（图3-17）。

隋朝的时候，龙袍的制作已经非常讲究，材料是丝绸中的极品，全手工完成所有工序。这种工艺一直被沿用到清朝灭亡。龙袍象征着皇权天威，自然需要神秘莫测。所以龙袍的制作，有着

图3-17　龙袍和龙图腾

十分复杂的、系统的规定，绝对不能有丝毫差错。龙袍一般为褚黄色，最常见的是绣有9条龙，偶尔有绣12条，甚至81条龙，间以五色云彩。

其实，在隋朝以前，不同朝代，龙袍的颜色不尽相同。用黄色作为龙袍的专用颜色，是从隋朝开始。此后的龙袍都以黄色为准，甚至将黄色作了了皇家的专用色。其他人用，就是僭越，要治罪。每个朝代，以及不同场合，不同用途的龙袍都有所区别。对龙图腾的信仰和崇拜，虽然经历数千年，但是一直都没改变。

清朝灭亡以后，龙的元素不再专属于皇家，民众也能广泛使用。现在，很多服饰中也都有龙的图案或者元素。

以龙为底本，稍加改变、演化，就成了蟒袍。蟒，是龙的变种，也曾经是权势的符号，仅次于龙。在历史上，除了帝王以外，其他皇族成员，以及被皇家封赏的王公重臣、诸侯王，都可以穿蟒袍。

凤总是与龙相对。凤冠霞帔，刚刚开始是以皇家女性为代表，是有权势、有地位的女性的服装，是一种高贵的礼服。而随着凤冠霞帔的不断演变，现在成了婚庆等喜庆场合很常见的一种服饰。

（二）禽为“文”

前书在解说“衣冠禽兽”一词时，有讲到古代喜欢在官服上绣禽兽。官阶品级不同，衣服上所绣的禽兽种类也不一样，飞禽多代表文官，猛兽多代表武职（图3-18）。

不同的动物，自然各有内涵，既是一种对官职的注解，也是一种对美好愿望的寄托。

在明朝，文官分为九个等级，每个等级的官袍上所绣图案不同：

一品绯袍，绣仙鹤。

二品绯袍，绣锦鸡。

三品绯袍，绣孔雀。

四品绯袍，绣云雁。

五品青袍，绣白鹇。

六品青袍，绣鹭鸶。

七品青袍，绣鸂鶒。

八品绿袍，绣鹌鹑。

九品绿袍，绣练雀。

（三）兽为"武"

武将威武，英勇善战，多绣猛兽。武官也分为九个等级，其所绘图案如下：

一品绯袍，绘麒麟。

二品绯袍，绘狮子。

三品绯袍，绘豹子。

四品绯袍，绘老虎。

五品青袍，绘熊。

六品、七品青袍，绘彪。

八品绿袍，绘犀牛。

九品绿袍，绘海马。

其实，不仅是文武百官的官服上多绣有猛兽美禽，就连龙袍、凤袍，归根结底也是绣上猛兽与美禽。这也是图腾文化在古代中国服装设计中的重要体现。

三、新时代的图腾

虽说在现代社会，图腾对人们来说，不再像曾经那样严肃，但这并不等于图腾文化对人们生活影响的降低。其实，

图3-18 补子图案

图腾出现的时候，就一直对人们审美价值有着深层次的、潜移默化的影响，至今依然如此。

在服装设计领域，新时代的图腾主要可以分为两种：一种是对古老图腾的继承与创新，另一种是新时代新的图腾（图3-19）。

图3-19　航天员（作者：徐训鑫）

面对古老的图腾文化，也不是全盘照抄，有继承，也少不了因时制宜的创新。图腾已经根深蒂固，对人们思想和行为的影响，从未消失。但是，随着人类生产文明的发展，对客观世界认知的加深，生活生产技术与手段的进步，曾经很多难以实现的想法，通过新科技和新技术，能够轻松达成。我国地大物博、疆域辽阔，拥有许多优秀的历史文化遗产，不同地区的图腾文化自然也是大相径庭。但是，无论是何种图腾文化，都可以完美融入服饰设计中。特别是在很多设计精美的民族服饰中，更是常见，但其又不是对图腾元素的简单照搬，而是有所创新。不仅空间上有差异，时间上也差异明显。但不管图腾怎样发展，服装设计师对图腾文化的借鉴一直延续传承。

在人类历史上，没有任何时候能够像今天一样，能在一夜之间，让一种潮流之风迅速刮遍大江南北，乃至世界的每个角落，这得益于便捷的交通和快捷的信息传播与交流。也正是这个原因，现代人很难再重新建立一种持久且根深蒂固的信仰，自然也难有新的图腾。现在的人能够在极短的时间内，同时接收到各种不同的信息和价值观，这些信息彼此之间甚至是相互矛盾和冲突的。这些信息在人的意识中此消彼长，最终结果是很难在人的思想意识中停留。每种观念都有，但是每种观念都不持久。所以，新时代的图腾，多以偶像崇拜的形式存在。在服装领域，或许叫作潮流更为准确。某个明星在某次重大活动中的衣着，可能很快就会被全世界的商家和设计师所模仿，从而形成一种潮流。有时候，除了偶像的行为，偶像本身也会成为现代服饰的设计元素。例如，很多服装印上某个明星的肖像以后，会受到粉丝的热烈追捧（图3-20）。

　　潮流就像它到来时一样，其影响力一般也会在短时间内迅速消失，远远不及传统图腾那样持久。但不可否认，流行元素本身也是服装设计必不可少的，如流星装点了夜空。正是一个又一个的流行元素的点缀，服装发展历史才会更加绚烂多彩。而所谓的经典，也正是在无数种流行元素中产生的。

图3-20　潮流元素服装设计作品（作者：刘晓莹）

4

第四章

面料再造的技法

远古人类，人们开始用树叶、禽兽的毛皮来保暖和遮挡身体的时候，这意味着一种文明的起源。随着社会的进一步发展，服饰的材料变成了棉麻、丝绸，以及其他更高级、更丰富的品类。服饰的作用也由最初的保暖、遮羞等基本功能，越来越多地向审美装饰等方面靠拢。

服饰由一种基本的物质需求，渐渐变成了一种反映生活状态、审美水准、社交礼仪的精神体现。服装设计师在这上面所做的探索，所花费的精力也越来越多。面料再造，就是其中非常重要的手段之一。

在漫长的服饰文化发展过程中，面料的再加工所形成的独特风格和审美，表现越来越丰富，手法也越来越成熟和复杂。本章就着重介绍几种常见而有效的面料再造手法。

第一节　加法面料再造

一、印花

印花，就是将染料施敷在布料上，然后呈现出各种各样的图案的过程（图4-1）。主要的方法有传统的平网印花、圆网印花、滚筒印花和现代的转移印花、直喷数码印花等。印花方法是在面料上呈现图案的一个重要方式，也是比较常见的一种手法。印花工艺虽然对于某些特定的面料

图4-1　印花

比较适用，但是在印花前对所要处理的面料进行试验还是很重要的，因为不同的面料有可能产生预想不到的效果。处理面料上的图案样式、图案大小、色彩比例、布局形式以及重复次数的方法，都会影响面料的外观效果（图4-2）。

图4-2　印花面料

二、刺绣

　　刺绣，通俗的说法叫"绣花"，就是用针和线，将已经设计好的花样图案，用缝线的轨迹表达出来，呈现在面料上(图4-3)。

　　刺绣是一种非常传统的面料设计工艺，现在已经非常成熟，世界各国都有自己独特的刺绣技法和手艺。粤绣、湘绣、蜀绣、苏绣称为中国四大名绣，其他各地技法，更是多如星辰。

　　但是，无论是何种刺绣的技法，其原理和基础方法都基本是一致的。

　　一副成熟的刺绣作品由针法（平针、交叉针、连锁针等）、线（不同颜色、不同材质、不同粗细）构成，有的还借助其他辅助用品，比如珠子、纱巾、碎布等(图4-4)共同完成刺绣作品。

图4-3　刺绣

图4-4　法绣钉珠（作者：王颖峰）

三、镶饰

　　镶饰是比印花和绣花更能增加表面效果的一种面料再造方法，它能产生更多维度特征和装饰性的外观效果(图4-5)。珠子、亮片、贝壳、卵石和羽毛等镶饰材料都可以增添色彩和图案，更可以增加面料或服装的表面肌理效果(图4-6)。

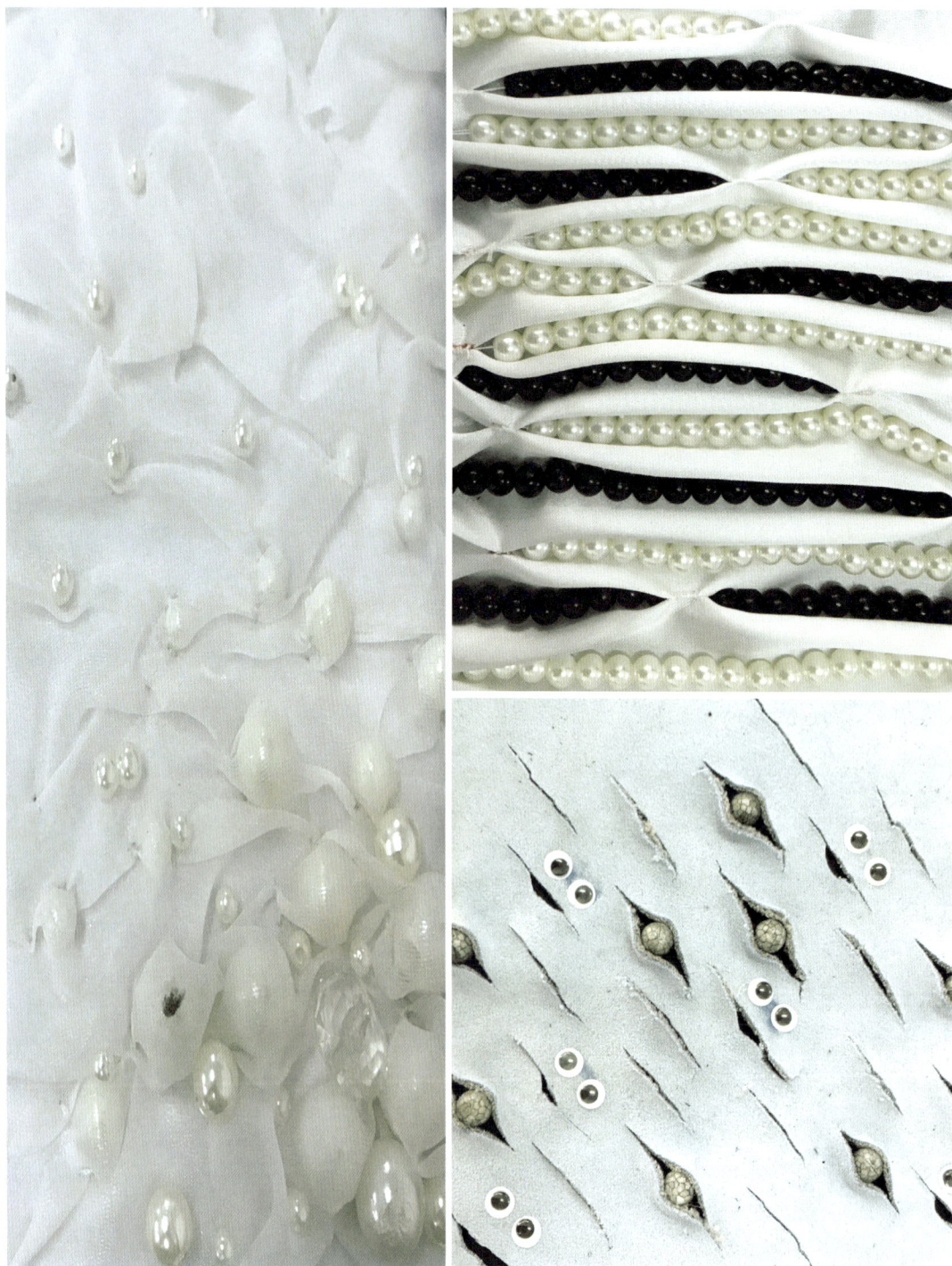

图4-5　镶饰作品（学生作业）

图4-6　镶饰钉珠（作者：王颖峰）

四、绗缝

在面料再造时，我们经常要处理多层的面料，为了让几层物料按照预想的方式更好地贴合，形成特定的视觉效果，就需要用针线按照既定的图形将几层物料缝合在一起，这一工序叫绗缝。绗缝既能够增加面料的美感，同时又是一种实用性非常强的面料再造工艺。

随着面料设计产业的发展，绗缝有越来越多的创新手法，可利用多层不同质地、不同颜色面料叠加的效果，或者利用线迹本身作为装饰等。总之，方法和创意是无穷的，效果也丰富多彩。一个优秀的面料设计师，总是能够不断开创更多、更新颖、更有创意的绗缝方法（图4-7~图4-9）。

图4-7   绗缝作品1（作者：彭翾臻）

图4-8　绗缝作品2（局部）（作者：齐藤泰子）

图4-9　绗缝作品3（局部）（作者：孙亚男）

五、拼缝

　　拼缝是指把几块相同的或者不同的面料拼接在一起的面料再造方法，拼缝时可以按照设想好的图形进行缝制，也可以随意拼缝。但在拼缝时要注意面料的选择和排列，不同材质之间的缝制会形成不同的对比效果，更加应该注意缝制线迹的变化等问题（图4-10、图4-11）。

图4-10　拼缝作品1（局部）（作者：齐藤泰子）

图4-11　拼缝作品2（作者：林德明）

六、染色

　　染色，用染料使纤维等材料着色的一种方法。新颖的染色以及特殊的涂层能带给服装独特的外观效果。在染色的过程中要注意材料本身色彩的选择，利用浅色颜料来染深色布与利用深色颜料来染浅色布的最终效果完全不同。同时，注意一种染料的多次着色效果，或者一种染料不同部位因着色时间的不同而呈现的效果不同。比如我们平时经常看到的吊染工艺呈现出的渐变效果就是利用了染色的时间差或者多次着色的方法进行染色（图4-12、图4-13）。

图4-12　植物染作品 1（作者：杜靓）

图4-13 植物染作品2（作者：杜靓）

七、毡艺

在少数民族特别是游牧民族人民的日常生活中，经常能看到毛毡，其厚重而保暖，配上色彩或绣花等其他工艺进行装饰，就形成了特有的工艺。像这种利用羊毛或其他具有遇热后收缩的特有材料，在外力压力下会形成厚重的毛毡，这种面料加工工艺被称为"毡艺"。毡艺历史悠久，是一种富有创意和想象空间的一种面料再造工艺，在这几年，毛毡工艺在服装设计中被广泛应用（图4-14～图4-16）。

图4-14　毛毡作品1（作者：冯颖琳）

图4-15 毛毡作品2（作者：程颖）

图4-16 毛毡作品3（作者：钟梓桐）

第二节　减法面料再造

一、抽纱

在一块纺织品上，将一部分经纱或纬纱抽去，然后用线环绕成特定的图形，这种工艺叫"抽纱"。抽纱形成的图案呈连续形，多为带状或网状（图4-17）。

图4-17　抽纱作品（学生作业）

二、镂空

镂空艺术经常被运用于雕刻或者建筑上，而随着技术的发展，镂空艺术也逐渐被应用到服装面料再造上，具有通透、性感的感觉（图4-18）。

三、烂花

烂花工艺是根据不同纺织材料对酸的耐腐蚀性不同的性质，在面料上涂上酸浆。这样，不耐酸的纤维就会被腐蚀、碳化，耐酸的纤维则会被保留，从而形成半透明的特定花纹。

图4-18　镂空作品（作者：林晓木）

四、撕剪、剪除

撕剪、剪除是利用剪刀或者其他工具将布料本身进行破坏、撕裂等的面料再造技法（图4-19~图4-24）。

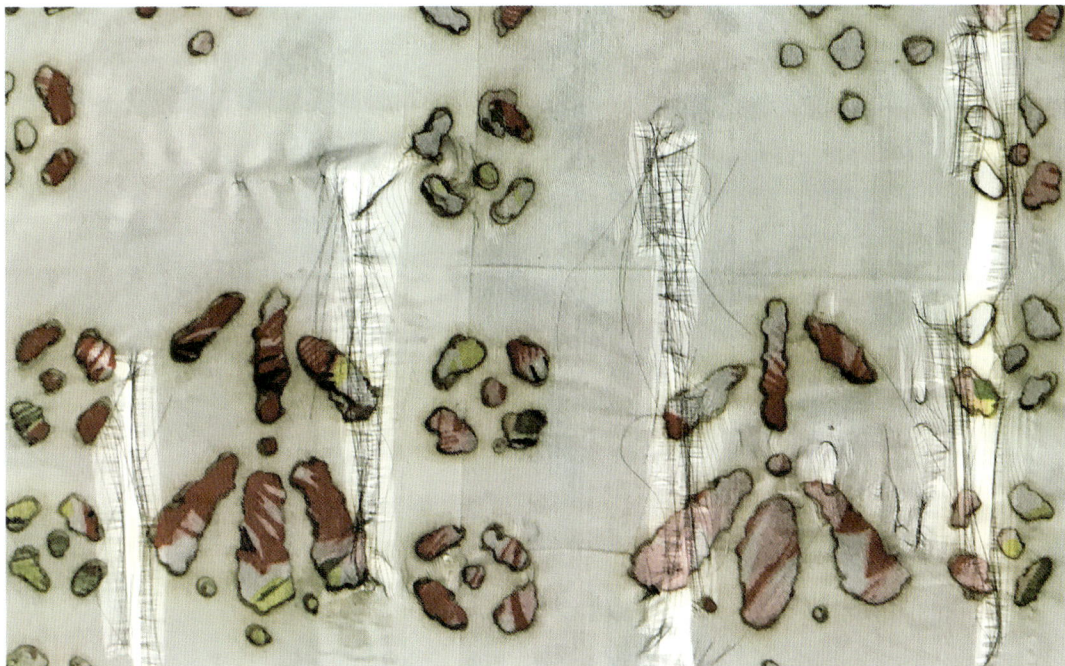

图4-19　撕剪、剪除作品1（学生作业）

图4-20　撕剪、剪除作品2

图4-21　撕剪、剪除作品3

图4-22　撕剪、剪除作品4（作者：曹媛媛）

图4-23　撕剪、剪除作品5（局部）[作者：尹弼南（韩国）]

图4-24　撕剪、剪除作品6（局部）[作者：尹弼南（韩国）]

五、做旧

做旧面料再造技法是指模仿一定时代的物体形象进行处理，使面料呈现旧的效果。以前做旧技法一般在古董市场上比较常见，但是随着人们的爱好改变，以及牛仔面料特殊的特性，在牛仔服装市场上，做旧效果也经常被采用，并且效果多样。牛仔服装常见的做旧手法有磨砂、水洗、砂洗等（图4-25～图4-32）。

图4-25　做旧作品1（作者：王乔兰）

图4-26　做旧作品2（学生作业）

图4-27　做旧作品3（学生作业）

图4-28　岁月做旧效果

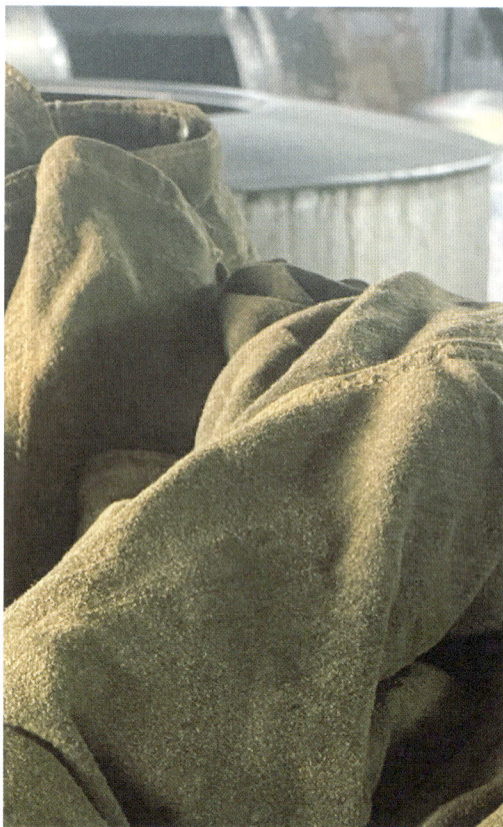

图4-29　涂画做旧效果

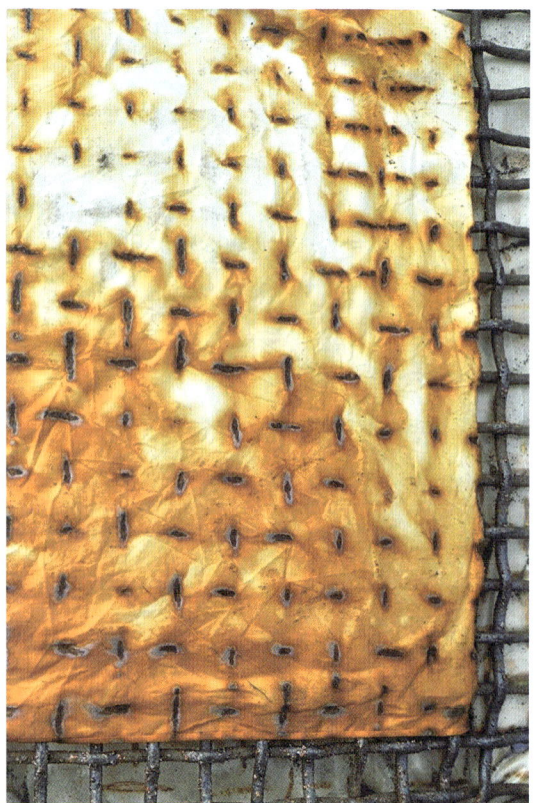

图4-30　洗水做旧效果

图4-31　铁锈染作品1

图4-32　铁锈染作品2

第三节　变型技法面料再造

一、系扎

系扎法面料再造是在一块布料上，将线进行缠绕和打结，从而使平面的面料呈现浮雕的立体视觉效果。可以根据控制点的距离远近和连线方向的变换，来掌控图案的大小（图4-33、图4-34）。

二、折叠

对于质地硬挺的面料，进行反复折叠，能够得到不同节奏感的立体褶纹，这种面料再造

图4-33　系扎作品1（作者：杨雅思）

图4-34　系扎作品2（作者：罗美仪）

技法叫折叠。折叠能够让面料呈现较好的立体效果和韵律感，是常见的强调局部立体造型的手法（图4-35~图4-38）。

图4-35 折叠作品1（作者：陈楚欣）

图4-36 折叠作品2（学生作业）

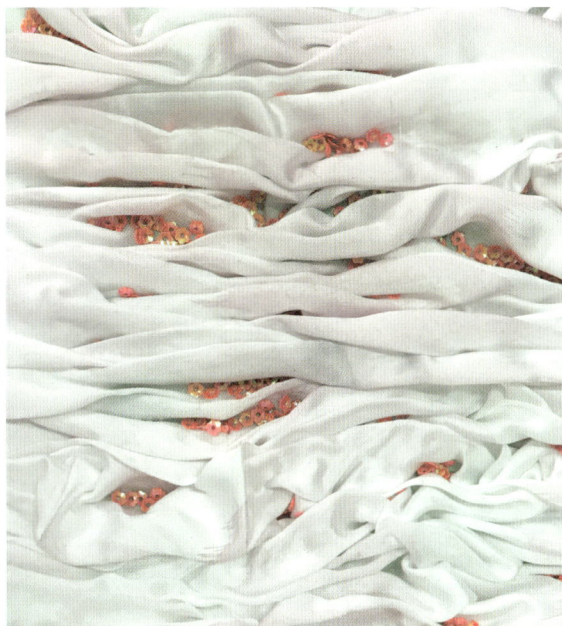
图4-37 折叠作品3（学生作业）

图4-38 折叠作品4（学生作业）

三、褶皱

1.直线的褶皱

如果想要表达一种清晰、干脆、明快的主题风格，可以选择直线褶皱。一种褶皱是立体的，折叠部分以立体的方式浮现在面料表面。另一种是平面的，所有的皱褶都与底面面料缝合在一起，形成比较弱的起伏，适用于表现微妙的效果（图4-39）。

2.曲线的褶皱

把面料抽紧后形成的褶皱形状，叫曲线褶皱，一般分为松散型和紧凑型两种。这两种褶皱效果在制作前一定要计算好，预留出足够的面料，否则在抽紧褶皱后，形状的面积大小可能会出现很大的偏差，达不到设想的效果，并且补救的难度大。

为了追求一种飘逸、舒展而轻松的效果，常采用松散型褶皱，其可分为规则型褶皱和不规则型褶皱。

图4-39　褶皱作品（学生作业）

紧凑型褶皱效果往往会有原面料的十几倍以上的厚度，由背面大力度收紧的方式来完成，多用于局部效果，特别是表现色丁面料，效果比较理想。

（1）规则型褶皱：在布料的背面先按照预想勾画出图案轮廓，再根据图案进行折叠。制作之前，应具备预想能力，对成型后的效果有准确预判。棉麻等面料不适合做这类设计，色彩华丽、手感爽滑的化学类纤维较适合做这类设计。

（2）不规则型褶皱：与规则褶皱不同，不规则的褶皱，大多数是随意、不经意地抽褶而呈现的自然褶皱。但是有时看似不经意下的自然褶皱，也是经过精心构思后才可以表现出来的艺术效果。

四、抽缩

抽缩是一种非常传统的面料装饰手法，其原理实质和扎蝴蝶结是一个道理。按照事先预想的方案，将平整的布料进行整体或局部的针缝，然后把线进行抽缩处理，从而在布料上形成既定图案和艺术效果，因此，收缩又被称为"面料浮雕造型"。

　　传统的抽缩工艺，首先需要设计图形，在面料上对下针点做简单标记；然后用针线将描绘好的点连接并抽缩，还可以加上珠子或其他装饰品，效果更佳。

五、编结

　　将线形或条状的布料，通过换套、打结等手法形成特定的装饰效果，就是编结。最常说的编结就是民间所说的打结，还有平时系鞋带以及民间编织草席、竹篮等方法，都是最为常见、最为基础的编结方法。传统的手工钩花、绳索编结、杯垫，以及一些藤条手工艺品，都是利用了编结的工艺。这种工艺也被服装设计领域广泛使用，例如最常见的毛衣。编结有着很多的延伸和创新，疏密不同、粗细各异、颜色混杂，都能达到不同的表现效果，凹凸有致，连绵起伏，立体效果十分明显（图4-40~图4-42）。

图4-40　编结作品1（作者：何丽筠）

图4-41　编结作品2（作者：何丽筠）

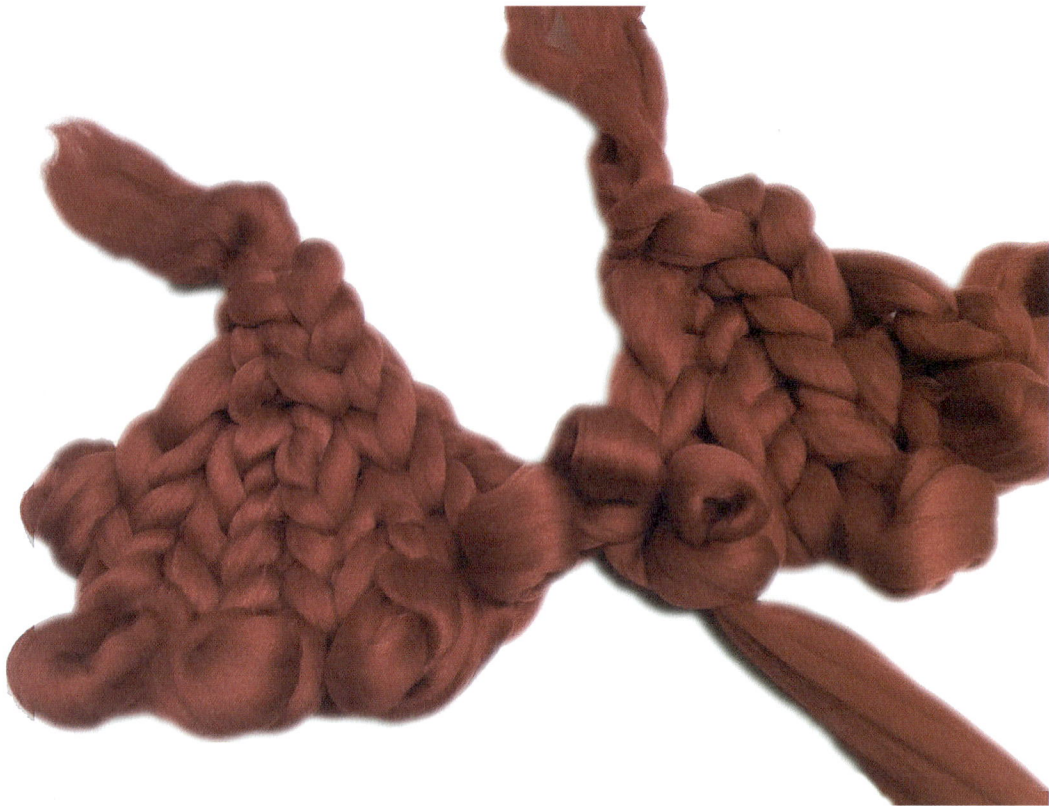

图4-42　编结小样（作者：何丽筠）

第四节　创新技法面料再造

一、破坏性设计

　　人类在最初只能以树叶、兽皮作为最简单的衣物，在漫长的文明积累中，才有了越来越丰富的面料选择，现在眼花缭乱的面料市场，有着层出不穷的创意面料设计。

　　在最早的面料设计中，出于对面料的爱惜，一切创意都是在不浪费、不损害面料，充分利用每一寸面料的基础上进行的。

　　然而，对面料的合理性破坏，其实也是一种非常常见而又饱含无限创意的面料再造手法。市面上最为常见的通过破坏性面料再造工艺制作的服装有许多，例如乞丐装、洞洞牛仔裤等。

　　常见的破坏性设计包括烧烫、镂刻。打孔烧烫的技术非常难以把控，具有相当大的随机性和偶发性。但是，如果能够很好地利用不同材质面料烧烫以后所显现出的不同的浓缩效果，则往往又可以达到意想不到的创新性设计。常见的工具有线香、蜡烛、熨斗等一切能够产生高温的物品，用它们对面料进行烧烫破坏，从而呈现丰富多彩的效果，达到面料再造的设计目的。

　　相比而言，镂刻和打孔则具有更好的控制性和把握性，而且可以实现对图案的自由设计，对效果进行预测。镂空和打孔，需要借助一定的工具，如刀片、剪刀、打孔机等，相当于是在面料上雕塑（图4-43~图4-46）。

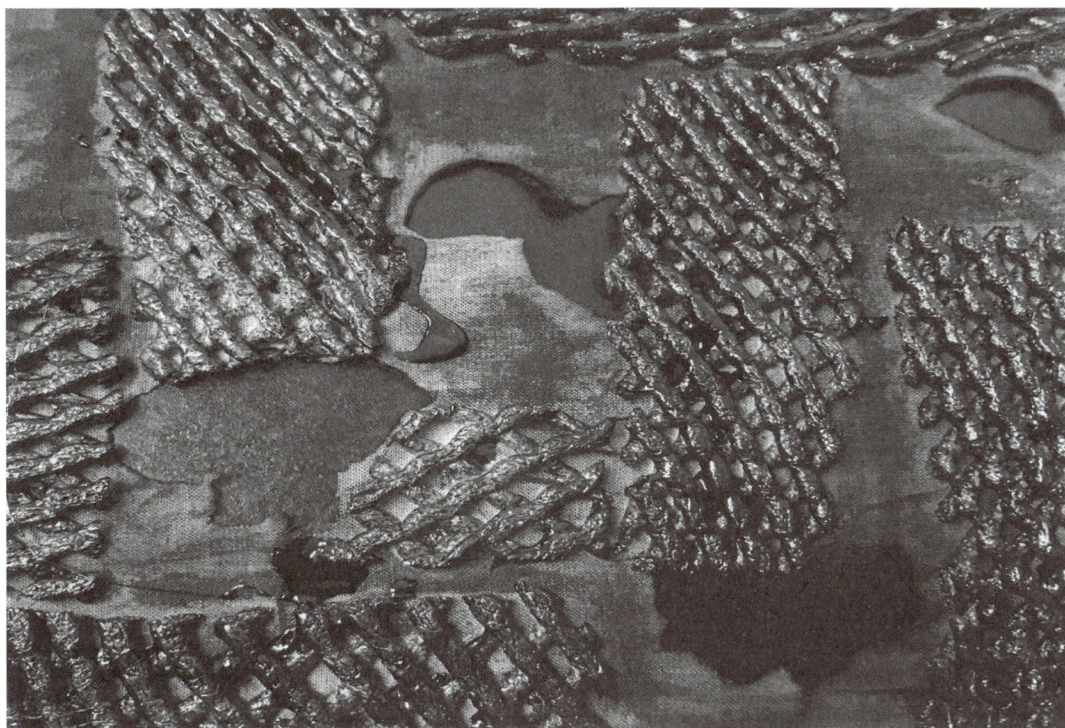

图4-43　破坏性设计作品1

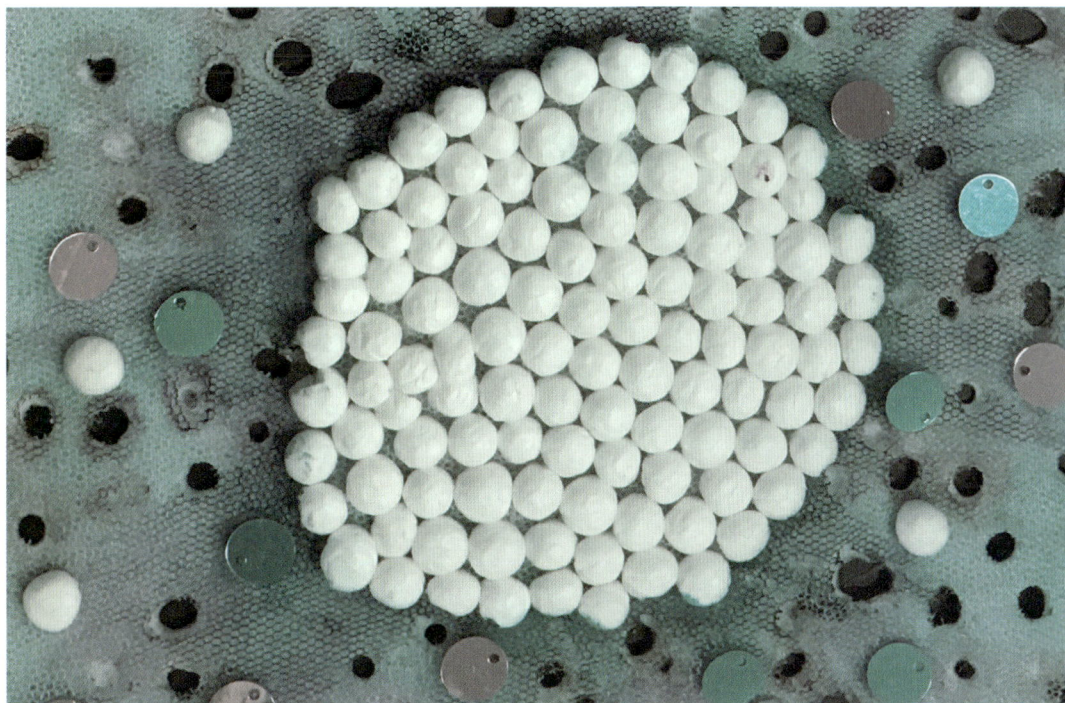

图4-44　破坏性设计作品2

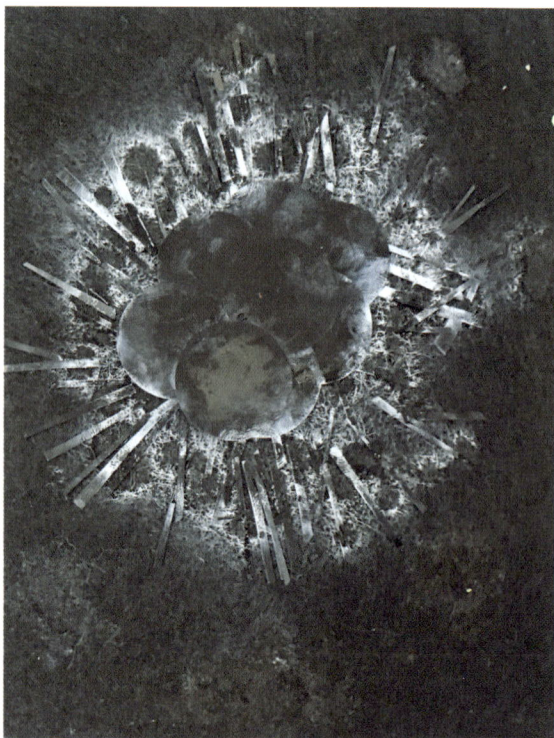

图4-45　破坏性设计作品3

图4-46　破坏性设计作品4

二、撕扯性设计

撕扯是指将面料上的纤维和纱线，分别进行抽纱、捆扎、黏合等手法处理后，配合其他绗缝、刺绣等工艺，从而达到创新的面料再造效果（图4-47）。

图4-47　撕扯性设计作品

三、涂层性设计

涂层性面料再造设计是将不同的颜料或者涂料等涂抹在面料表面来达到再造的效果（图4-48、图4-49）。

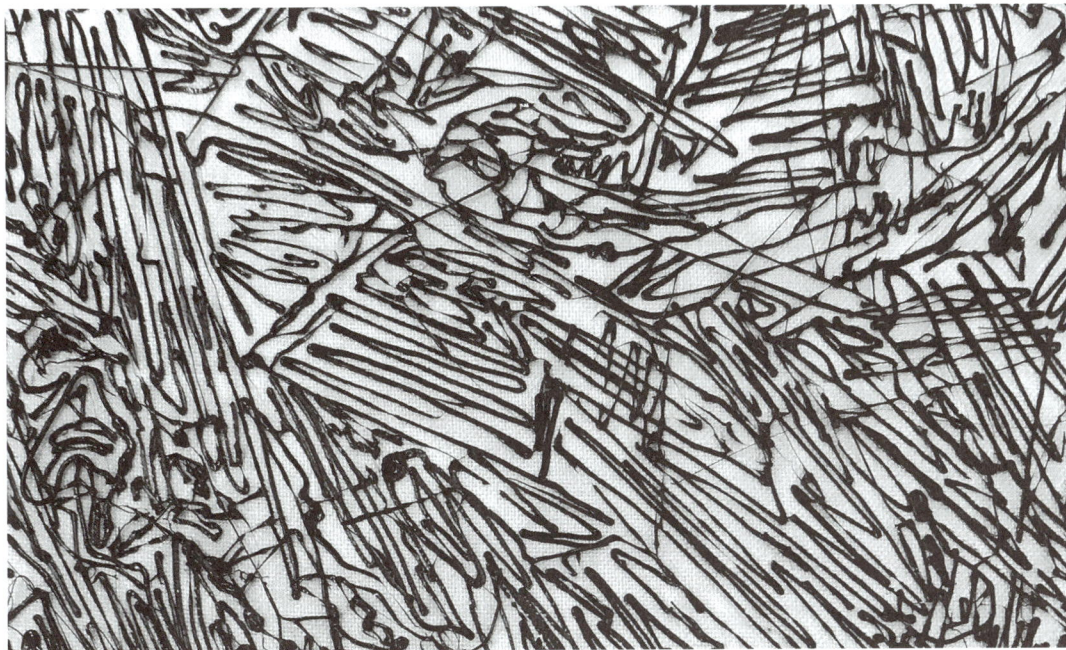

图4-48　涂层性设计作品1（作者：袁婉琦）

图4-49　涂层性设计作品2（作者：翟建丽）

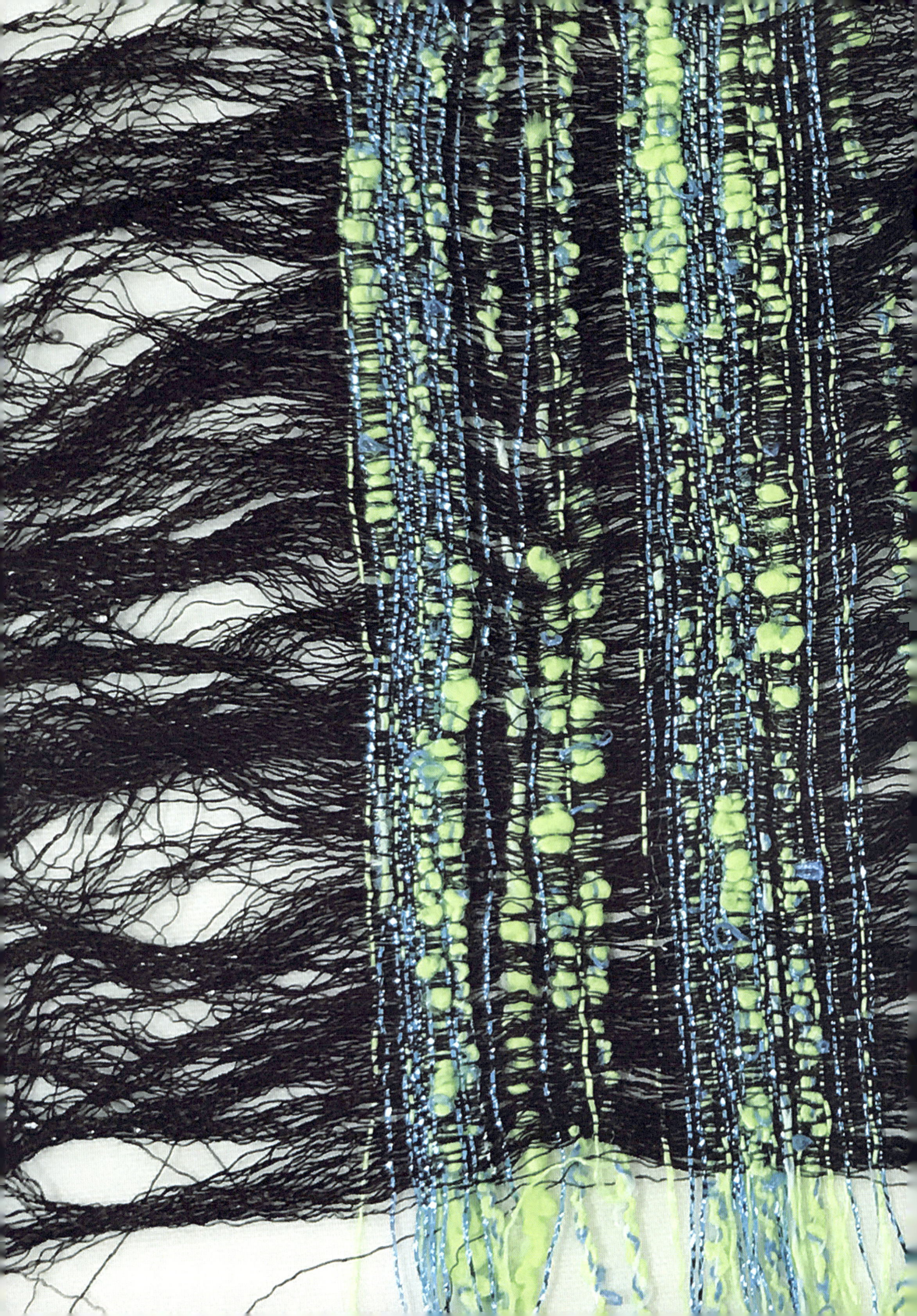

5

第五章

设计师手笔

　　回看服饰发展的历史长河，群星璀璨。一个一个世界级的大师，尽情挥洒自己的才华，各领风骚。他们引领着某个时尚潮流，也引领着一个时代。一次展览、一场走秀、一件作品，都是视觉的盛宴，也是服饰发展历史上一个又一个的里程碑。正是这一次一次的积累，我们的服饰才有今天的辉煌灿烂。它们既是历史的沉淀，也是我们继续向前的阶梯。面料再造是现代服装设计创新的主要手段之一，目前，各大服装企业和面料企业都不断投入大量的财力和人力对其进行开发和研究。即使如此，由于面料供应商与服装设计师的个性化需求之间存在差异和错位，经常出现设计师难以获取或无法找到其所需面料的情况，这就使设计师时常需要在服装个别部位做特殊化处理，对面料进行再创造，来实现自己的设计意图。本章我们将以广东省几位十佳设计师的作品为例，介绍他们在面料再造上所呈现出的创意和突破，对我们的学习来说既是享受，也是启迪。

第一节　杨盈盈"TUYUE涂月"品牌

　　杨盈盈，广东省十佳设计师、广东省服装设计师协会理事、"TUYUE涂月"品牌创始人和创意总监。她一直坚信，面料作为服装的载体和人体的第二皮肤，对服装的呈现有着直接性或决定性的影响。她忠于对面料的再创造，提倡环保再利用的理念，用实际行动来改变、调整服装作品中的面料，使得每一片面料有效使用。她并没有因为在市面上找不到所需面料而束缚自己对服装的创作，反之，更加激发了她对面料改造的不断尝试，来提高她作品本身的独创性和艺术价值。在她的作品中，喜欢把各种丢弃、没用的布头布尾，通过拼接直接使用，或采用拼接染色再处理、再创造等方法进行重新利用。在对面料的改造方面，她一直追求以自然的艺术效果来呈现服装作品中的面料。在多次服装秀中，她发布的作品有与艺术家合作碰撞，借用艺术家的艺术手法、思维、理念，来对面料进行改造，创造出全新的印花面料；也有通过传统的植物染工艺、加热水煮、做旧等手段对面料进行染色处理，让面料流露出自然的肌理图案并呈现出风化的岁月色调等。另外还有与高科技公司进行合作，利用高科技的手法来进行面料再创造，借用高科技公司研发的油墨，在原有的面料上书写文字图案，呈现出新的人文视觉面料效果（图5-1～图5-7）。

图5-1　杨盈盈作品《明日之后》面料改造过程：植物染

图5-2 杨盈盈作品《明日之后》面料改造过程：植物染实验效果

图5-3　杨盈盈作品《明日之后》面料改造过程：植物染实验小样

图5-4 杨盈盈作品《明日之后》成衣效果

图5-5　杨盈盈作品《明日之后》秀场效果

图5-6 杨盈盈作品《美丽新世界》面料改造过程

图5-7　杨盈盈作品《美丽新世界》成衣效果

第二节 唐志茹"小茹裙褂"品牌

唐志茹，2020年第20届"广东十佳服装设计师"、第三届广东纺织服装非遗推广大使、广东省级非物质文化遗产钉金绣裙褂制作技艺传承人。她与家人一起创立的"小茹裙褂"工作室，2015年被评为广州市市级非遗保护单位，2017年被评为广州市花都区非遗传承基地，2020年被评为首批广东省妇女手工创业创新基地。唐志茹作为来自刺绣世家的继承人，一直学习和继承传统工艺，坚持传统的绣花工艺，在传统绣花技法的基础上，不断地实践，不断地创新。在图案上融入寓意吉祥、幸福美好的元素；在工艺上，调整针法、绣线、针距，绣出了更流畅飘逸，手工细节更加惊艳的作品。

她的服装作品，经常采用钉金绣技艺来改变服装表面视觉效果。在平整面料上绣出各种各样的图案，在需要突出表现的图案上，使用垫凸技艺，在凸出的图案下面垫棉，用扎绒线丁勾勒轮廓，突出骨骼、鬓发；使得服装图案富有层次、精致细腻、立体感强，再利用金银线受光度的不同，呈现出色彩明暗不一的效果，使服装变得富丽堂皇、光彩炫目（图5-8~图5-13）。

图5-8 "小茹裙褂"品牌团队

图5-9　唐志茹制作作品过程及作品局部

图5-10　唐志茹作品《刺绣褂皇》

图5-11　唐志茹作品《云兴霞蔚保玲》

图5-12　唐志茹秀场作品1

图5-13　唐志茹秀场作品2

第三节　钟才"不南兽"品牌

　　钟才，广东省十佳服装设计师、广东省服装设计师协会理事、广东佛山十佳童装设计师、广州三又三文化传播有限责任公司CEO、独立设计师品牌"不南兽"创始人。他一直以来喜欢突破常规，以与众不同的创作方式，对服装面料肌理重塑，善于创新和探索，不断地通过对成品面料进行二次工艺改造处理，使之产生新的艺术效果，使自己的服装作品呈现出独特的面貌。他认为，好的服装设计，不仅是款式上的设计，还有对面料的设计与改造。面料改造成功，服装设计已经成功了多半。面料再造也更能为服装设计带来视觉震撼力，吸引眼球。在他最近这几年的作品中，经常会看到他对服装面料进行整体再造，利用物理和化学手段，强化面料本身的肌理、质感或色彩的变化，突出服装表面视觉效果。作品中有将传统的绘画、涂鸦融进面料，以层层堆积的颜料将面料表面肌理呈现出新的时尚活力。也有通过水洗、摩擦、抽纱等手法对牛仔面料进行破坏和再改造，使他的作品重新塑造出视觉表面肌理，创造出具有鲜明特色的牛仔风格。在每一次的发布会中，他都有新的设计灵感，带来与众不同的面料改造视觉享受（图5-14~图5-19）。

图5-14　钟才改造面料过程：实验

图5-15　钟才改造面料过程：探讨

图5-16　钟才改造面料过程：洗水

图5-17　钟才改造面料过程：效果呈现

图5-18　钟才系列服装作品1

图5-19 钟才系列服装作品2

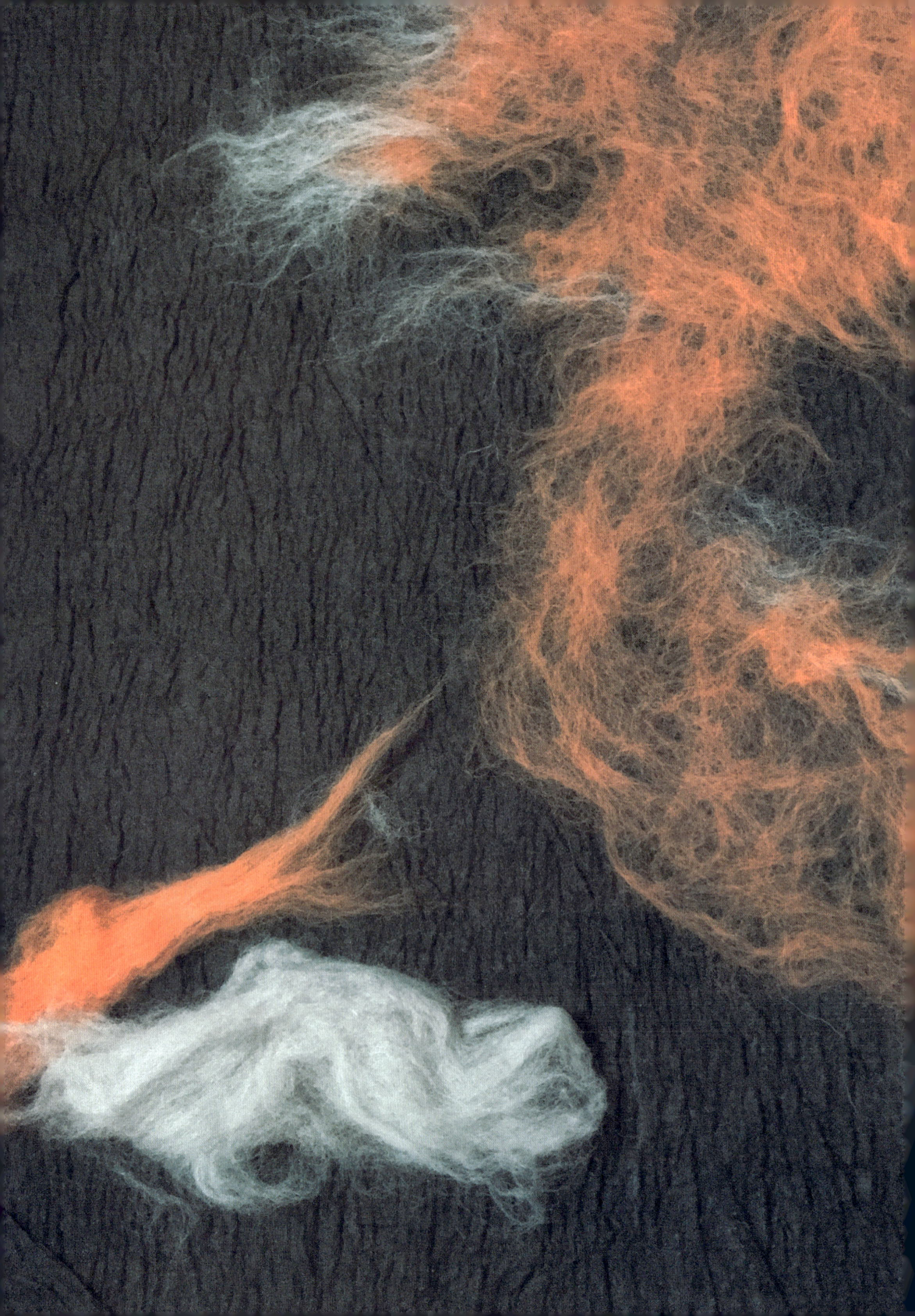

6

第六章

设计实践

　　面料再造为服装设计的创新表现提供了新的思路，在如今追求低碳与创新的时代，创意为设计创造了更大的价值，也越来越为设计界所重视。自然界大至日月星辰、江河湖海，小至花鸟鱼虫、一粒沙子，皆为我们提供了永不衰竭的灵感。一花一世界，而每个人对于自然万物的感受与关照皆是不同的，并随着技术与材料的发展，设计手法也日渐丰富，日益新颖。近几年，国内外设计师们以独特的手法和情怀较为成功地对自然事物在形、色、意和肌理诸方面进行了面料再造设计。他们的设计灵感来源广泛，既有仿动物的，也有仿植物，还有仿自然基本元素的；方式也呈现多样化，仿形状、仿色彩、仿肌理、仿意境等；设计思路也非常丰富，直接模仿、抽离元素、再组合成等；至于材料和手法，则更加丰富，重叠、抽皱、透叠、立体、印花、编织、贴片、染色、拼搭、钉珠……总之，在多元化和追求个性、鼓励创新的今天，服装设计师们应更为重视观察和感受自然万物，从中汲取灵感，善用多样化的材料和手法，用面料再造手法创造出令人耳目一新和充满美感的服装作品，在满足大众个性化服饰需求的同时，引导人们追求环保低碳与自然之美的服饰文化。因此，面料再造设计注定成为现代服装创新设计和表达个性的重要手法之一，在追求低碳与环保的当下，这种手法更加值得我们不断探索和实践。

第一节　罗美娴作品《根》

一、《根》系列灵感来源

　　本系列灵感来源于树木的根（图6-1），从大自然原生态的角度出发，围绕环保的理念，利用服装来表达人类应与自然和谐共处的原则。从侧面提醒人类不能为了眼前的利益不惜代价地向大自然过度索取资源、破坏环境，这样会导致自然灾害频繁发生，空气污染日趋严重。本设计以

图6-1　《根》系列灵感图

大自然诉说者的角度向人类发出预警，希望人类不要一味地追求短期利益而不顾长远的格局，应深思自身对大自然野蛮索取破坏之后所带来的生态枯竭的问题。提倡环保和资源循环利用，减少破坏，善待自然。在追求利益最大化的同时不忘回头看看走过的路，根不离土，生命犹在，就像我们离不开大自然的哺育，大自然也离不开人类的爱护一样。

二、《根》系列色彩来源及调研

设计师进行色彩调研时，应根据社会动态发展，从市场流行趋势等的角度，收集大量的图库，分析流行元素及文化方向，调研商场和布料批发的流动走向，了解人群消费观念，根据数据分析市场动向（图6-2）。

图6-2 《根》系列色彩来源及调研

三、《根》系列从初稿（草稿）到定稿

从收集的资料中提取设计的关键元素，然后根据设计意图初步绘制初稿，再根据系列设计要求进行整合和保留所需的款式（图6-3）。

图6-3 《根》系列从初稿到定稿

四、《根》系列面料再造的方案更改及确立

面料再造说明：利用同一种(麂皮)面料的八个色系(大地色)裁剪缉缝。

拼接的手法：根据面料逆纱向的特性裁剪。采用正面拼缝（图6-4），均边中缝叠加（图6-5），底面拼缝（图6-6），折叠侧面拼缝（图6-7）等方法进行试验，再根据面料特性及再造实验效果选择其中一个方法，最后确定用均边中缝叠加和折叠侧面拼缝（图6-8、图6-9）。

图6-4　正面拼缝

图6-5　均边中缝叠加

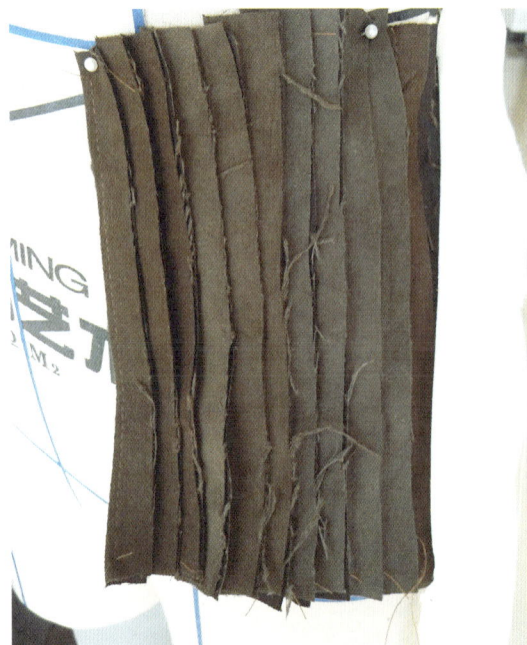

图6-6　底面拼缝

图6-7　折叠侧面拼缝

图6-8 确定方案：均边中缝叠加整体实验效果

图6-9 确定方案：折叠侧面拼缝整体实验效果

五、《根》系列成衣制作过程及细节

　　整个成衣制作过程从面料的选择（图6-10）到裁剪（图6-11），把不同颜色的面料均裁剪成2cm左右的细长条，用同种面料作为底布，在上面把细长条按不同色系随机缉缝，重复此步骤，以此类推，达到再造效果的色调（图6-12）。对细节的调整，制作成衣的肩部细节工艺时，把面料裁剪成1.5cm左右先对折缉缝起来，然后在底布上按色系和谐原则拼缝，重复工序以达到效果，再放置到人台试样上观察效果（图6-13）。

　　把前面再造的面料缝制成一体（图6-14），并在处理服装一些细节装饰效果的时候，把面料裁剪成小布块（图6-15），利用手工缝制手法把小布块缝制在所需位置（图6-16），直到调整完成整件服装（图6-17~图6-19）。

图6-10　面料的选择

图6-11　裁剪

图6-12　缉缝底布

图6-13　人台试样

图6-14 成衣制作

图6-15 裁缝小布块

图6-16 手缝"小花瓣"

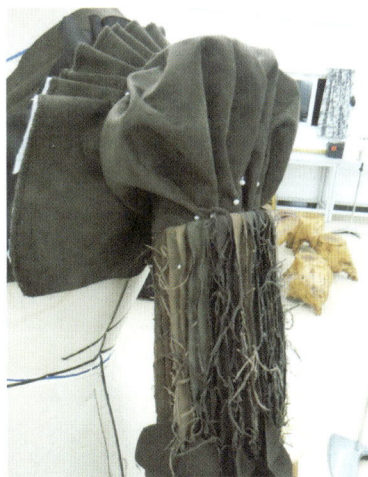

图6-17 缝制泡泡袖型

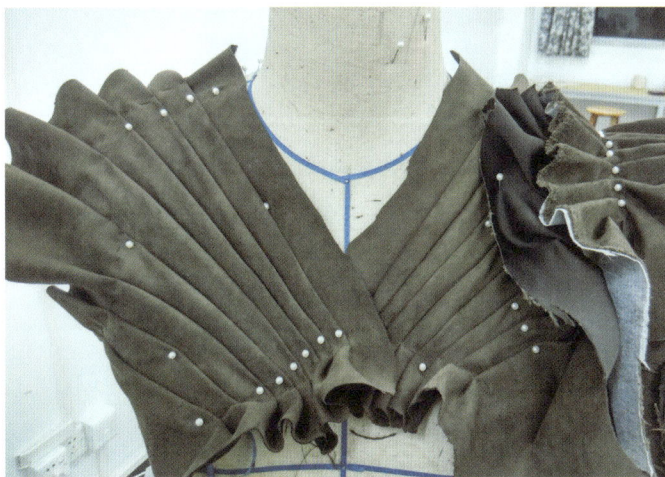

图6-18 前片立裁

图6-19 面料再造过程

六、《根》系列成衣效果（图6-20）

图6-20 《根》系列作品成衣展示

第二节　郑洁宜、唐佳琳作品《重生》

一、《重生》系列灵感来源

　　大自然是一本无字的书，它让我们读懂了生命的宝贵，也让我们领悟到生命的顽强。火灵芝无须肥沃的土壤，无须园丁的悉心呵护，而是生长在朽木之上，向上的生命力、不屈的精神和顽强的美丽，宛如当代女性追求高品质生活的态度。本系列以火灵芝为灵感，将其火焰环绕式的生长姿态与形转化为服装素材，结合高级面料的不对称拼接与剪裁设计，简约干练，又不乏设计感，颇有中式的超脱之感。而火灵芝有正能量之感的色彩变化，微妙又精致，一个个宛如画中人般美好，体现出高雅、傲人气质的女性风范（图6-21、图6-22）。

图6-21　《重生》系列灵感图题目　　　　　　　　图6-22　《重生》系列灵感图

二、《重生》系列色彩来源及调研

　　热烈的火焰红，从视觉效果上带来一定的冲击力和高贵气质，再度成为主流城市服装系列设计的关键色彩。红色明亮、充满生机、充满视觉吸引力，设计师利用这些色彩让从头到脚的同色造型也具有独特的个性魅力。富有冲击力的火焰红，打破了黑色的沉闷，散发出热量与能量，韵味十足，也提亮了整体的设计效果，显得层次更为丰富。色彩变化微妙又精致，体现出系列服装的高品质（图6-23）。

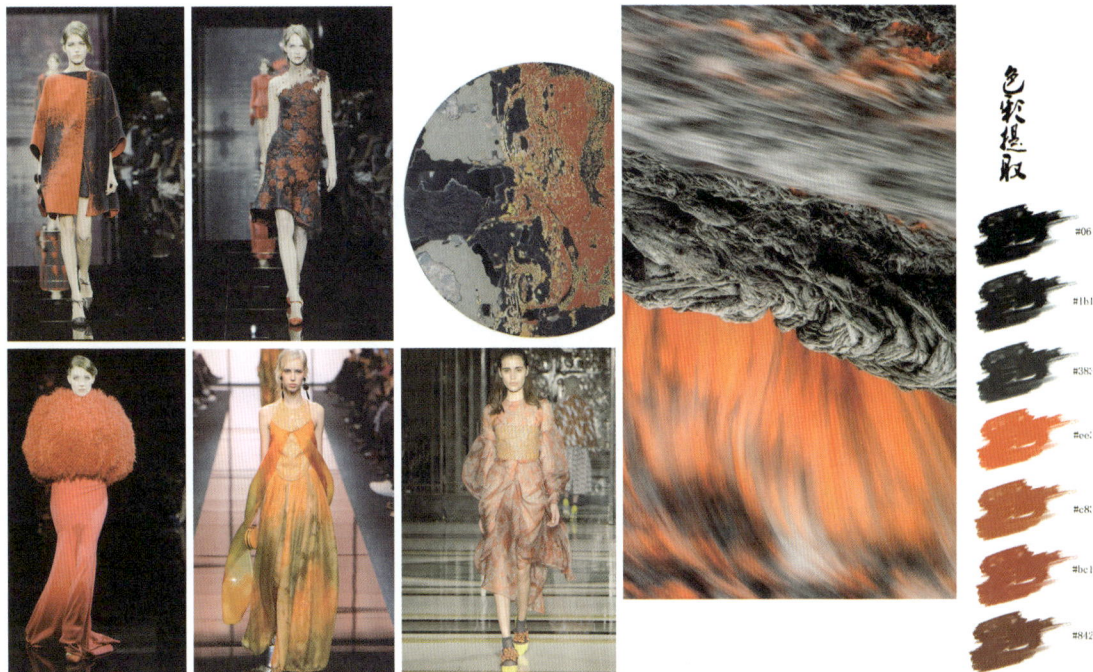

图6-23 《重生》系列色彩来源及调研

三、《重生》系列从草图到定稿

在灵感草图绘制设计的时候，刚开始不用考虑线条是否优美，造型是否准确，方式和材料都不受限，主要目的是把所能想到的灵感记录下来，把头脑中的构想设计精确地描述出来。再在后期根据自己设计意图把记录下来的灵感资料进行提炼并转化为草图绘制出来（图6-24）。

四、《重生》系列效果图

通过对草图进行优化，根据灵感来源把火灵芝的图案按照制作要求位置表现出来，使造型准确、比例协调（图6-25）。

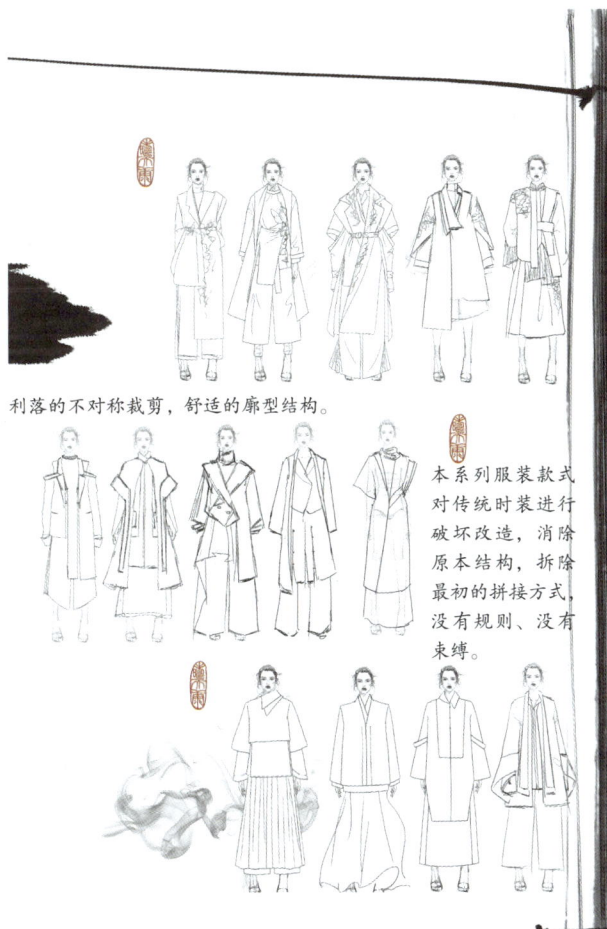

利落的不对称裁剪，舒适的廓型结构。

本系列服装款式对传统时装进行破坏改造，消除原本结构，拆除最初的拼接方式，没有规则、没有束缚。

图6-24 《重生》系列从草图到定稿

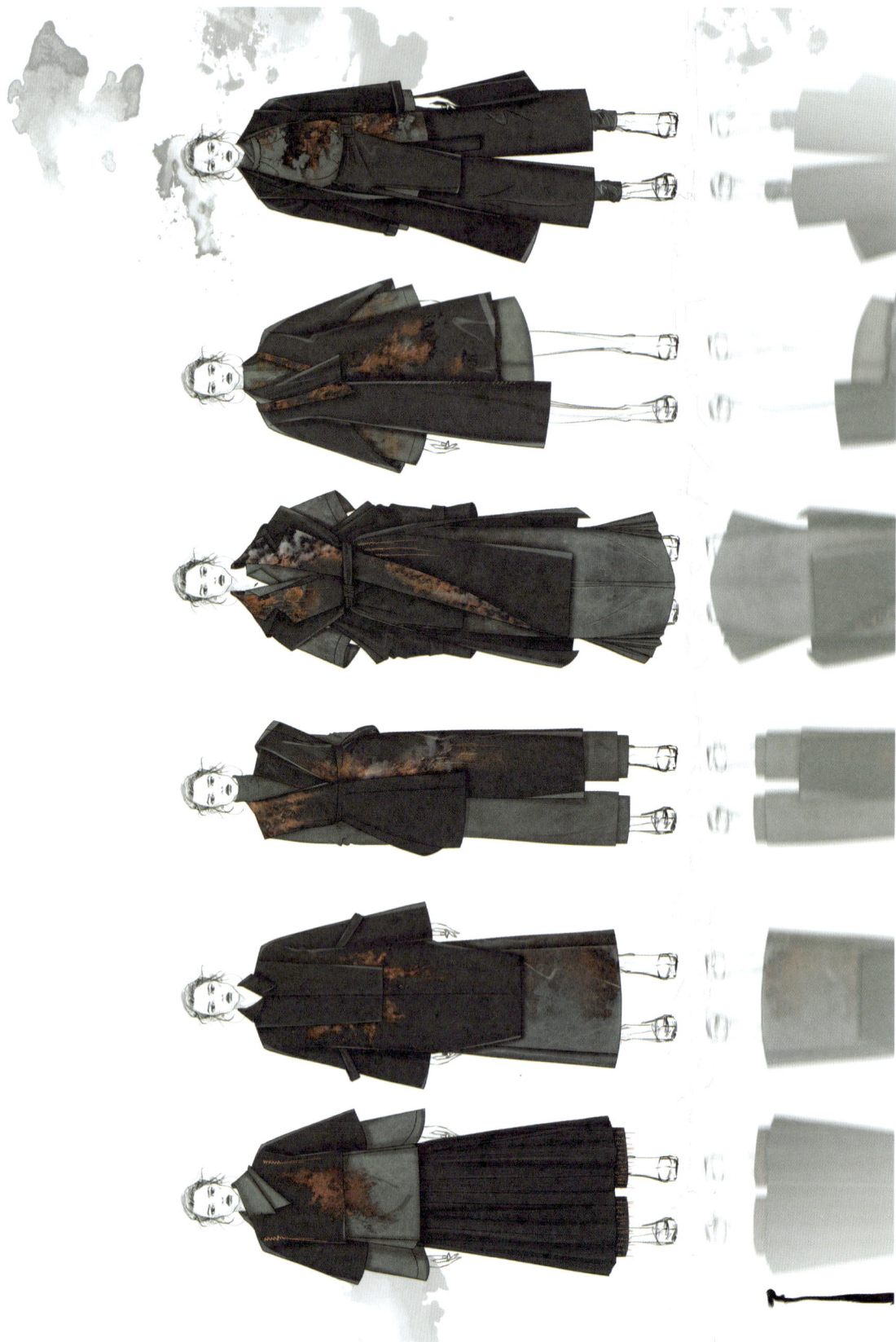

图6-25 《重生》系列效果图

五、《重生》系列制作工具及材料

在面料再造过程中，选择材料毛毡（图6-26）、毛毡片（图6-27），线与毛毡片（图6-28），工具选择不同大小的针（图6-29）。

图6-26　毛毡

图6-27　毛毡片

图6-28　线与毛毡片

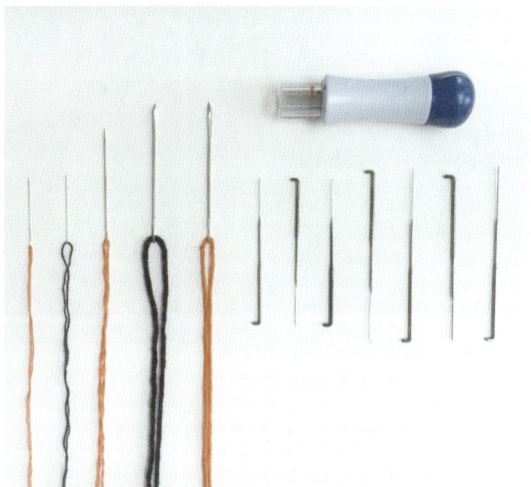

图6-29　不同大小的针

六、《重生》系列制作工具及材料

在面料再造过程中，以羊毛毡打底、以泡沫做颗粒感、以丙烯画边缘（图6-30）。再经过调整，以羊毛毡打底，加入湿毛毡做成片，再加入毛线打枣的方式进行面料再造（图6-31）。用湿毛毡做成"灵芝状"，有层次感、更贴合主题。用加入毛线打枣的手工方式，更加丰富了面料再造效果（图6-32）。修改制作方式，多次试验（图6-33~图6-40），选择最后效果，然后在服装上运用。

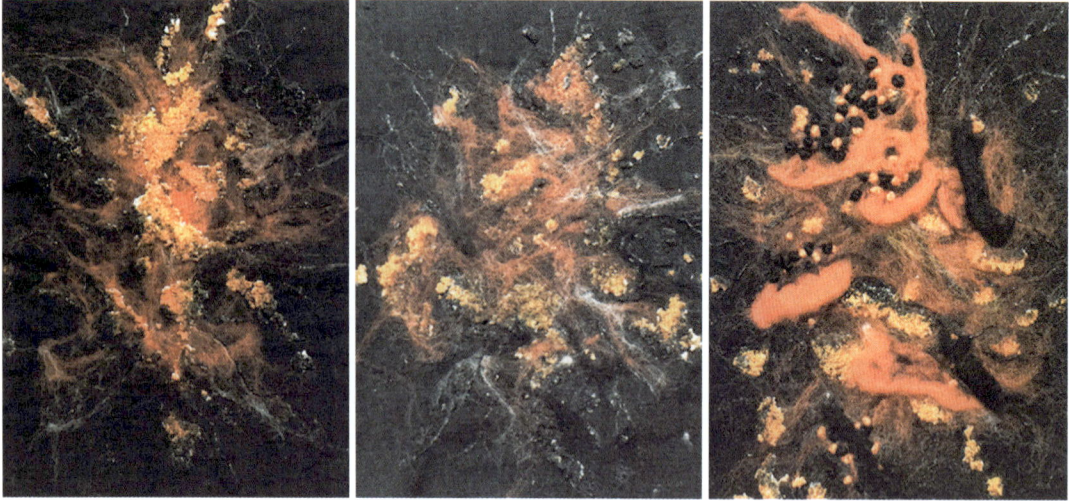

图6-30　羊毛毡打底、泡沫做颗粒感加丙烯画边缘处理

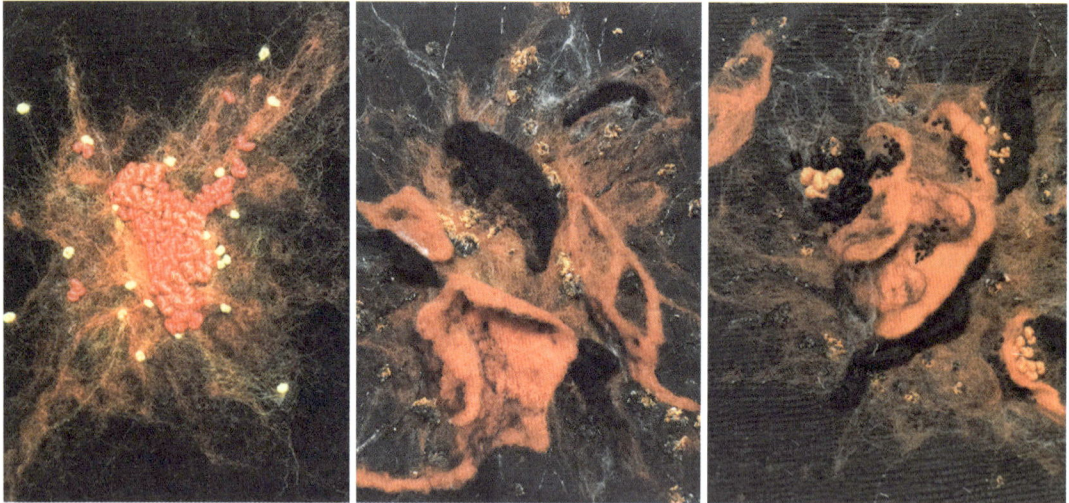

图6-31　湿毛毡做成片再加毛线打枣

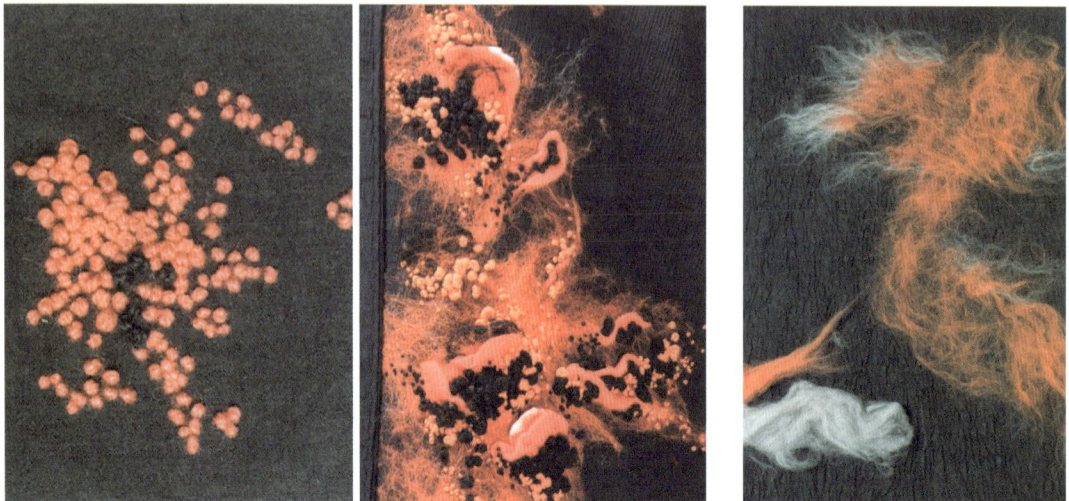

图6-32　"灵芝状"面料再造成型

图6-33　羊毛毡毡化打底

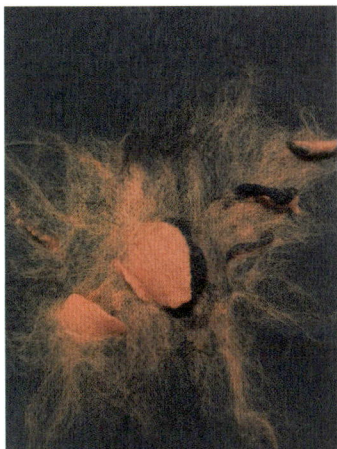

图6-34 加入片针毡

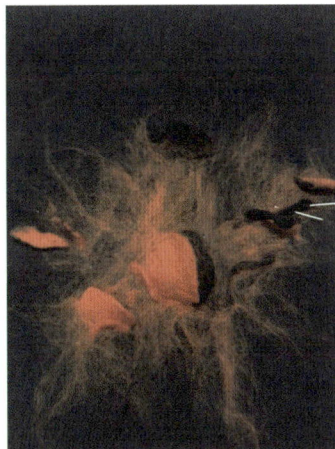

图6-35 大头针定位1

图6-36 大头针定位2

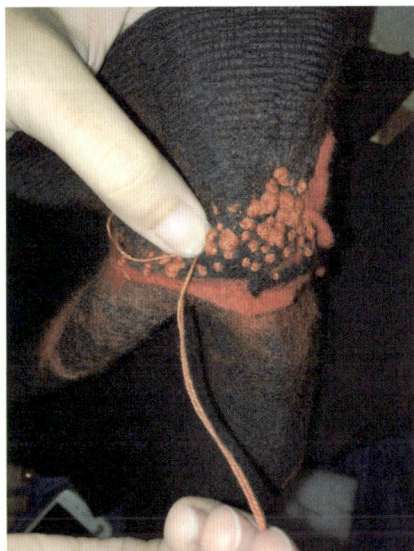

图6-37 毛线手工打枣1

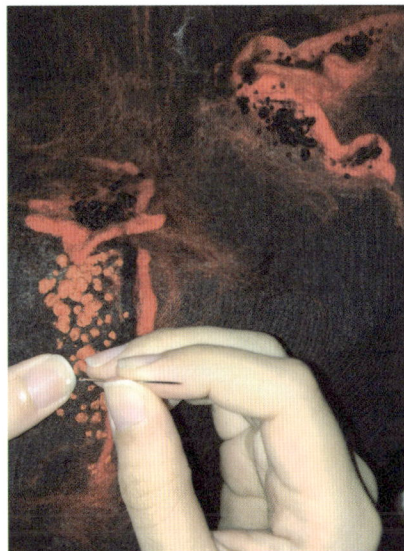

图6-38 毛线手工打枣2

图6-39 《重生》系列面料再造效果1

图6-40 《重生》系列面料再造效果2

七、《重生》系列成衣效果（图6-41）

图6-41 《重生》系列成衣效果展示

第三节 陈馨宇作品《悟空》

一、《悟空》系列灵感来源

　　本设计灵感来源于一幅手绘画《悟空》（图6-42），作者的绘画线条流畅，悟空形象生动，于是设计师想到可不可以用服装的语言来表现这幅作品，所以在本系列五套设计作品中分别在不同位置用渐变色毛线，用手绣包金绣的手法绣出这幅作品。而渐变毛线的明暗隐喻悟空的多变，而手绣时故意留下的线头给平面效果的手绘原作增添活泼的感觉，当模特行动时更具有动感。在其中三套设计中设计师加入了草书"悟空"，同样运用了手绣的方法，以渐变色的色线以及不同方向的针法填满字体，给设计增加一些古典韵味，用服装的语言来表现我们中国传统文化的源远流长。款式方面，设计师用了现在流行的潮牌大廓型，长毛呢外套、中长毛呢外套、长风衣、两件式棒球服以及宽松毛衣这五款上装搭配不同的裤子；色彩方面，全部采用黑色，用不同质地的面料以及不同厚薄面料的相互配搭，以表现男装潮牌多变的流行元素，具有动感和设计感。

图6-42 《悟空》系列灵感图

二、《悟空》系列风格定位

设计师对这个系列的定位是国风潮牌，年轻休闲时装，又不失传统文化素养和品位。所以廓型上以这几年流行的大廓型为主，板型样式还是以现代的服装板型为主。本系列服装为多层次的棒球服，长款的无袖子外套，高领的落肩毛衣，毛呢和加长针织袖子的拼接，内置简单的连帽卫衣和T恤，长到脚踝的窄脚裤，带点古风韵味的吊裆裤以及短搭紧身裤的经典潮男款的搭配（图6-43）。

色彩选用经典的黑白灰搭配（图6-44），整个装饰设计以图案为主。

图6-43 《悟空》系列风格灵感

图6-44 《悟空》系列色彩灵感来源

图6-45 《悟空》系列图案设计草图

三、《悟空》系列面料选择与图案设计

本系列服装以秋冬装为主，所以选择的面料都稍微偏厚，或者以防风面料为主。面料的挑选阶段会一波三折，开始确定的面料，到后来真正在成衣制作阶段选择的面料，基本上都会重新调配。在选择面料时，很多面料在最初挑选时看不出效果，只能根据想象绘制出最后的效果，即便效果图表现了面料质感也无法完全真正地体现成衣的效果，所以后期即便确定面料之后，还是需要不停地走访面料市场。第一是为了避免面料在生产过程中的不确定因素，第二是为了寻找可能更合适的面料，给作品更多的可能性和更好的表现效果。本系列设计师用颜色和图案来统一整体效果，所以面料上可以挑选更多的不同面料。特别是做全黑系列的服装时，采用同色不同质感的面料可以更加突出作品的层次感，厚重的毛呢面料搭配轻薄的网眼面料、搭配厚重的针织袖子、搭配光感的风衣面料等，给作品增添了舞台表现效果。

而在图案设计上，以中国传统悟空形象为原型，利用线稿形式来呈现，与整体面料统一协调（图6-45）。

四、《悟空》系列效果图

为了突出图案，强调悟空形象，整个效果图以黑白线描的形式来绘制（图6-46）。

图6-46 《悟空》系列设计效果图

五、《悟空》系列成衣制作

在本系列成衣制作过程中（图6-47~图6-50），设计师也遇到了许多问题。特别是在面料再造时，最初设计师选择用掇针的方式做绣花，但是后来发现这一方法不适用于所有的面料。在面料的选择方面特别有限，而且是对绣线的选择也有一定的要求。设计师做了许多的尝试，但是不仅速度慢而且效果也没有那么理想，所以他们决定另找方法。后来设计师发现用渐变的毛线以盘金绣的方式做图案，不仅可变性大，而且效果更加贴合所想表达的绘画图案。对于图案的设计变化也是不停地尝试，开始是单纯地用一种图案做变化，后来发现图案的变化可以更加多样，为设计添加更多的合理元素，在统一中求变化。因此，设计师又加上了文字的元素，让文字与图案相结合，使作品的整体文化韵味更加浓厚。

图6-47

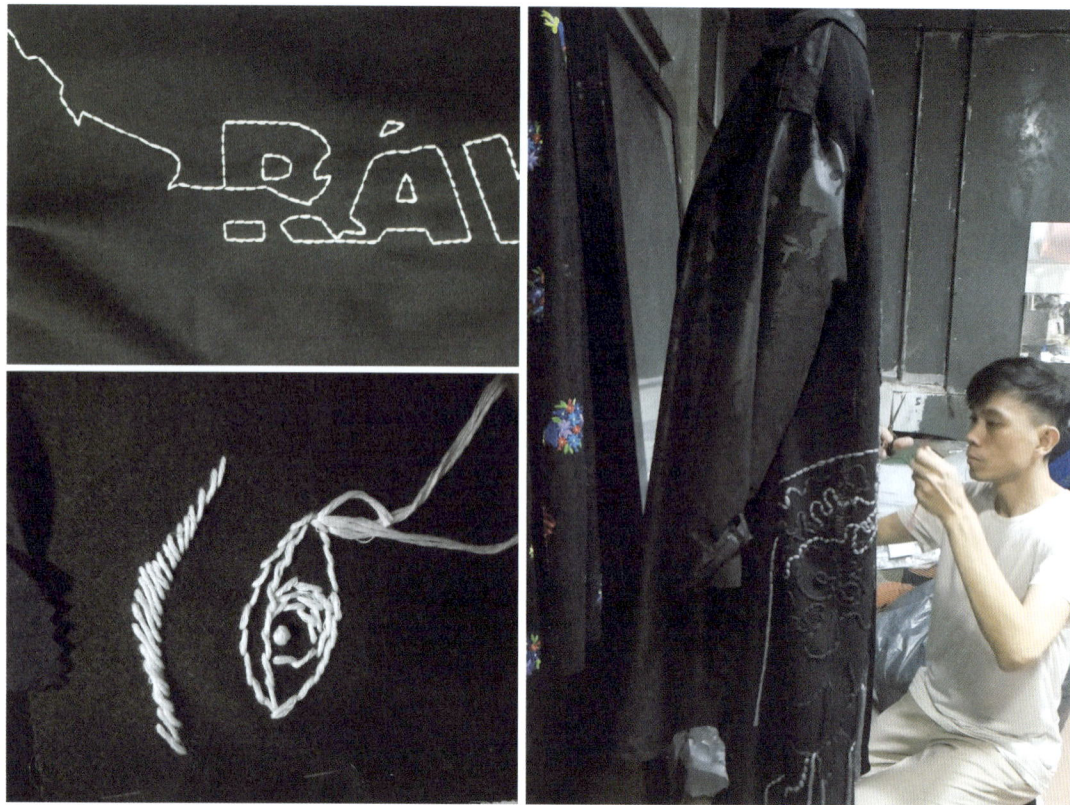

图6-47　《悟空》系列制作过程1

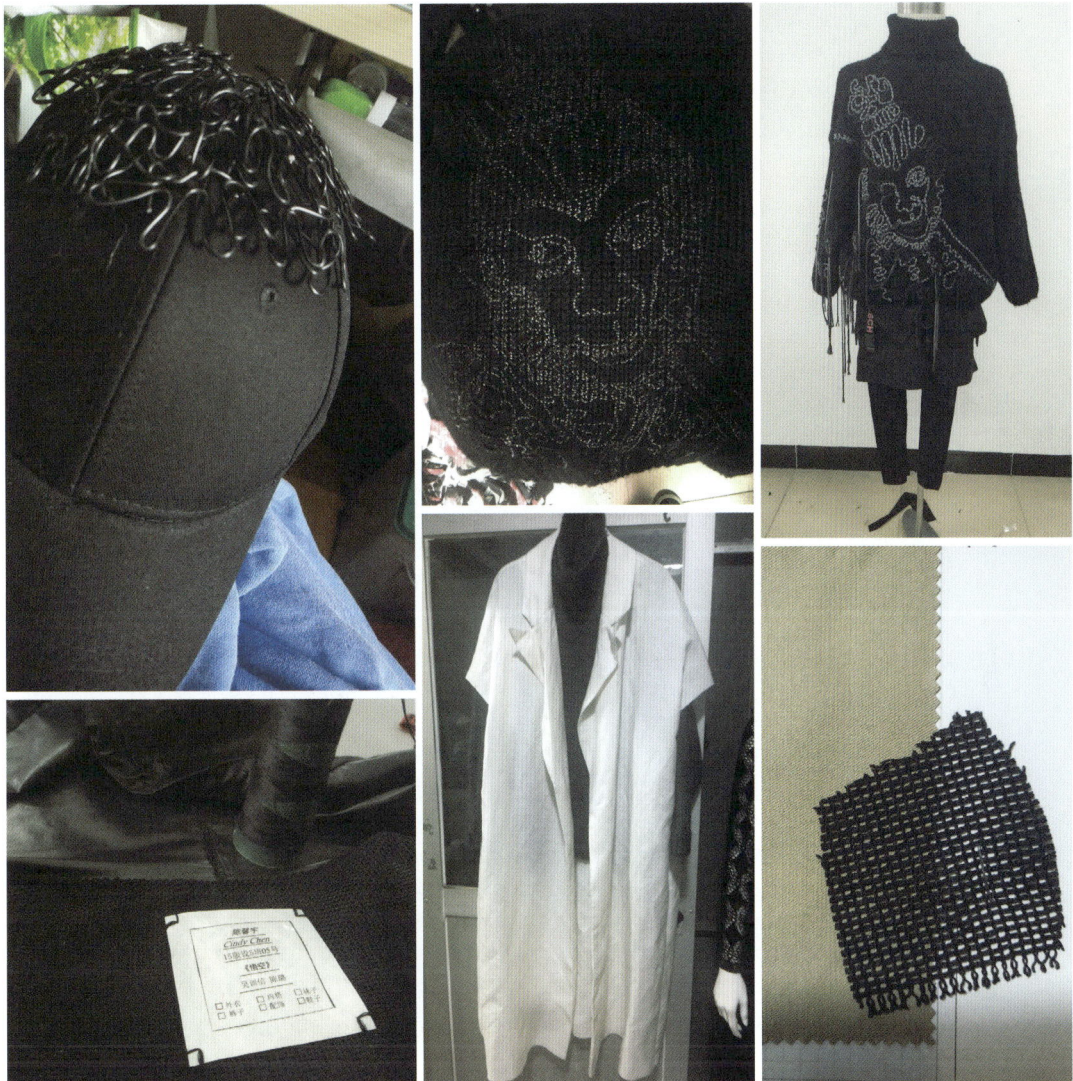

图6-48 《悟空》系列制作过程2

图6-49 《悟空》系列制作过程3

图6-50 《悟空》系列制作过程4

六、《悟空》系列成衣效果

经过不断地修改和调整，最后达到了预期的成衣效果，整体协调又不沉闷，以不同线迹呈现的图案对面料再次改造，个别线条不修剪，时尚又有韵味（图6-51~图6-55）。

图6-51　《悟空》系列成衣效果1

图6-52　《悟空》系列成衣效果2

图6-53 《悟空》系列成衣效果3

图6-54 《悟空》系列成衣效果4

图6-55 《悟空》系列成衣效果5

参考文献 REFERENCE

［1］王渊.明清文武官补子纹样的辨别［J］.丝绸，2013，50（8）：55-62.

［2］王宝林，宗凤英.中国文武官补［M］.南京：南京出版社，2007.

［3］吴训信.面料再造仿生设计在服装设计中的创新应用［J］.纺织导报，2018（4）：78-80.

［4］何健芬.服装设计中面料再造艺术的运用研究［J］.艺术品鉴，2016（6）：77.

［5］黄能福，陈娟娟，黄钢.服饰中华：中华服饰七千年（精编本）［M］.北京：清华大学出版社，2013.

［6］王庆珍.纺织品设计的面料再造［M］.重庆：西南师范大学出版社，2007.

内 容 提 要

本书以灵感来源为出发点，介绍了面料再造运用手法以及面料再造在服装上的运用和对设计师作品的学习与借鉴。作者深入浅出地阐述了从灵感来源到作品呈现的全过程，并且引用了很多优秀的作品作为实例进行详尽的分析，让学习借鉴者能更加直观、快捷地了解设计者的想法和灵感来源。全书图文并茂，步骤清晰，针对性强，可供高等院校学生和纺织服装从业人员学习和参考使用。

图书在版编目（CIP）数据

服装面料再造设计 ： 从灵感到运用 / 吴训信，唐韵，柴柯编著. -- 北京 ： 中国纺织出版社有限公司，2024.8
"十四五"普通高等教育部委级规划教材
ISBN 978-7-5229-1812-9

Ⅰ. ①服… Ⅱ. ①吴… ②唐… ③柴… Ⅲ. ①服装面料—设计—高等学校—教材 Ⅳ. ① TS941.41

中国国家版本馆 CIP 数据核字（2024）第 110551 号

责任编辑：李春奕 施 琦　　责任校对：高 涵
责任印制：王艳丽

中国纺织出版社有限公司出版发行
地址：北京市朝阳区百子湾东里 A407 号楼　邮政编码：100124
销售电话：010—67004422　传真：010—87155801
http://www.c-textilep.com
中国纺织出版社天猫旗舰店
官方微博 http://weibo.com/2119887771
北京通天印刷有限责任公司印刷　各地新华书店经销
2024 年 8 月第 1 版第 1 次印刷
开本：889×1194　1/16　印张：8.5
字数：160 千字　定价：69.80 元